Untersuchungen über Polyphenole in weißen und grünen Tees

Von der Fakultät für Lebenswissenschaften

der Technischen Universität Carolo-Wilhelmina

zu Braunschweig

zur Erlangung des Grades einer

Doktorin der Naturwissenschaften

(Dr. rer. nat.)

genehmigte

D i s s e r t a t i o n

Von Yumen Hilal

Aus Homs-Syrien

Bibliografische Information der Deutschen Nationalbibliothek
Die Deutsche Nationalbibliothek verzeichnet diese Publikation in der Deutschen Nationalbibliografie; detaillierte bibliografische Daten sind im Internet über http://dnb.d-nb.de abrufbar.
1. Aufl. - Göttingen: Cuvillier, 2010
Zugl.: (TU) Braunschweig, Univ., Diss., 2010

978-3-86955-404-4

1. Referentin oder Referent:	apl. Professor Dr. Ulrich Engelhardt
2. Referentin oder Referent:	Professor Dr. Peter Winterhalter
eingereichert am:	29.03.2010
mündliche Prüfung (Disputation) am:	02.07.2010

Druckjahr 2010

Dissertation an der Technischen Universität Braunschweig,

Fakultät für Lebenswissenschaften

Nonnenstieg 8, 37075 Göttingen
Telefon: 0551-54724-0
Telefax: 0551-54724-21
www.cuvillier.de

1. Auflage, 2010
Gedruckt auf säurefreiem Papier

978-3-86955-404-4

Vorveröffentlichungen der Dissertation

Teilergebnisse aus dieser Arbeit wurden mit Genehmigung der Fakultät für Lebenswissenschaften, vertreten durch den Mentor der Arbeit, in folgenden Beiträgen vorab veröffentlicht:

Publikationen

Hilal, Y. und Engelhardt, U. **2007**. Characterisation of white tea - comparison to green and black tea, *J. Verbraucherschutz & Lebensmittelsicherheit*, Vol. 2, 4: 414-421. Corrigendum: *J. Verbraucherschutz & Lebensmittelsicherheit*, Vol. 4: 218.

Engelhardt, U. und Hilal, Y. **2008**. Weißer Tee - Koffeinfrei und besser als alle anderen? *Umwelt & Gesundheit*, Vol. 4: 121-123.

Hilal, Y. und Engelhardt, U. H. **2009**. A new myricetin-rhamnodiglucoside from Camellia sinensis. *Nat. Prod. Res.*Part A, Vol. 23, 17: 1621-1629.

Tagungsbeiträge

Hilal, Y. und Engelhardt, U. H. Braunschweig / D 35. Deutscher Lebensmittelchemikertag 2006 in Dresden, „Was ist weißer Tee?“, veröffentlicht in Lebensmittelchemie 61 (4), 76 (2007).

Hilal, Y., Reinefeld, S. und Engelhardt, U. H., A novel flavonol triglycoside in (white) tea. XXIVth International Conference on Polyphenols, veröffentlicht in Polyphenols Communications 2, 541-542 (2008).

Danksagung

Ich möchte mich an dieser Stelle ganz herzlich bei meinem Betreuer Herrn Prof. Dr. Ulrich H. Engelhardt bedanken. Er war stets am Fortgang der Arbeit interessiert, investierte viel Zeit für Gespräche und Diskussionen und hat mich nach Kräften gefördert. Die Zusammenarbeit hat mir sehr viel Freude gemacht!

Bei Herrn Prof. Dr. P. Winterhalter bedanke ich mich herzlich für die Übernahme des Korreferats. Ebenso danke ich Herr Prof. Dr. P. Winterhalter und Herrn Prof. Dr. H. Wätzig bei der Mitwirkung der Promotionskommission.

Fr. Dr. Ibrom (NMR-Laboratorium des OC-Instituts, TU-BS) danke ich für die Aufnahme der NMR-Spektren. Bei Dr. Gerold Jerz (LMC-Institut) und Dr. V. Wray (HZI, BS) möchte ich mich für die Hilfestellung bei der Spektren-Interpretation bedanken.

Ich bedanke mich ganz herzlich bei Beate Maiwald für ihre Freundschaft und die schöne Zeit der Zusammenarbeit.

Für ihre seelische Unterstützung, Freundschaft und Hilfsbereitschaft bedanke ich mich ganz herzlich bei Tuba Esatbeyoglu und Stephanie Gröll.

Dank gilt an Swantje Reinefeld für ihre Zusammenarbeit während ihrer Diplomarbeit.

Für ihren engagierten Einsatz bei der Aufdeckung von Rechtschreibfehlern in der vorliegenden Arbeit bin ich Frau Balcke sehr dankbar. Allen Mitarbeitern des Institutes, insbesonders den Mitgliedern im Teelabor, danke ich für das angenehme Arbeitsklima.

Schließlich gilt mein Dank ganz besonders an meiner Familie für die vielfältige Unterstützung während meiner Ausbildung.

Ali, mein Schatz, für Deine Liebe, Fürsorge und Unterstützung insbesondere in der Schwangerschaft und der Schlussphase der Promotion kann ich Dir nie genug danken.

Du bist mein Ein und Alles.

"Medizin war der Tee zuerst. Getränk wurde er danach."

(Kakuzo Okakura, japanischer Kulturphilosoph, 1862- 1913)

Inhaltsverzeichnis

Abkürzungsverzeichnis

ANS	Anthocyanidinsynthase
BCR	Boruah-Continuous-Roller
FLS	Flavonolsynthase
C	Catechin
C4H	Zimtsäure 4-Hydroxylase
CHI	Chalkonisomerase
CHS	Chalkonsynthase
CoA	Coenzym A
CTC	Crushing-Tearing-Curling
d	Dublett
DAD	Diodenarray-Detektor
dd	Dublett vom Dublett
DFR	Dihydroflavonol 4-Reduktase
DHK	Dihydrokämpferol
DHM	Dihydromyricetin
DHQ	Dihydroquercetin
DNA	Deoxyribonukleinsäure
DNTP	Deoxyribonukleinsäuretriphosphat
-drgal	dirhamnogalactosid
-drglu	dirhamnoglucosid
EA	Epiafzelechin
EAG	Epiafzelechingallat
EC	Epicatechin
ECG	Epicatechingallat
EGC	Epigallocatechin
EGCG	Epigallocatechingallat
ESI	Electrospray Ionisation
EW	Einwaage
FCG	Flavon-C-glykoside
EDTA	Ethylendiamintetraacetat
F3´H	Flavonoid 3´-Hydroxylase
F3´5´H	Flavonoid 3´5´-Hydroxylase
FGT	Flavonoid-3-O-Glukosyltransferase
FHT	Flavanon 3-Hydroxylase
FLS	Flavonolsynthase
FNS I, II	Flavonsynthase I, II
FOG	Flavonol-O-glykoside
GA	Gallussäure
-gal	galactosid
-glu	glucosid
GC	Gallocatechin
GT	Grrüner Tee
HMBC	Heteronuclear Multiple Bond Correlation, C-H-Fernkorrelation
HMQC	Heteronuclear Multiple Quantum Coherence, C-H-korrelation
HSQC-TOCSY	Heteronuclear Single Quantum Coherence-Total Correaltion Spectroscopy
HPLC	Hochleistungsflüssigkeitschromatographie
Hz	Hertz
i.D.	innerer Durchmesser
ISO	International Organization for Standardization
i.Tr.	in der Trockenmasse
K	Kämpferol
LTP	Lawrie-Tea-Processor
m	Multiplett
MeOH	Methanol
MD_3OD, MeOH-d4	deuteriertes Methanol

M	Myricetin
M_r	relative Molekülmasse
MS	Massenspektrometrie
m/z	Verhältnis von Masse/Ladung
n.b.	nicht bestimmbar
nm	nanometer
NAR	Naringenin
NMR	Nuclear Magnetic Resonance
NOESY	Nuclear Overhauser Enhanced Spectroscopy
PA	Polyamid
PAL	Phenylalanin-Ammonium-Lyase
PHF	Pentahydroxyflavanon
PhIP	2-Amino-1-methyl-6-phenylimidazo-[4,5-b]-pyridine
ppm	parts per million
Q	Quercetin
-rdg	rhamnodiglucosid
-rgal	rhamnogalactosid
-rrg	dirhamnoglucosid
-rut	rutinosid
U/min, rpm	Umdrehungen pro Minute (revolution per minute)
RRF	Relativer Response-Faktor
RTD	Ready-To-Drink
s	Singulett
SC	Säulenchromatographie
TB	Theobromin
TG	Theogallin
TF	Theaflavine
TLC	Dünnschichtchromatographie
TR	Thearubigine
TM	Trockenmasse
TMS	Trimethylsilan
TSP	Thermospray
UV	Ultraviolett
WT	Weißer Tee

Symbole

C	Konzentration
VK	Variationskoffizient [%]
J	Kopplungskonstante [Hz]
λ	Wellenlänge [nm]
S	Standardabweichung
δ	Chemische Verschiebung [ppm]

Abbildungsverzeichnis

Tabellenverzeichnis

Anhangverzeichnis

1 Einleitung

1.1 Allgemeines über Tee

Tee (*Camellia sinensis)* wird als weltweit wichtigstes Coffein-haltiges Getränk eingeordnet (Mabberley 1987) und wird von mehr als zwei Dritteln der Weltbevölkerung aufgrund seines guten Aromas und seiner gesundheitsfördernden Effekte getrunken. Diese Eigenschaften machen ihn zu einem der beliebtesten Getränke in der Welt.

Bereits 3000 v. Chr. wurde Tee von den Chinesen als Arzneimittel und als Getränk verwendet. Die medizinische Verwendung von Tee wurde in dem alten chinesischen Arzneibuch "Ben Cao Gang Mo" von Shi-Zheng Li in der Ming-Dynastie (16. Jh.) beschrieben. Tee-Pflanzen sind in Südostasien einschließlich China, Indien, Japan, Taiwan, Sri Lanka, Indonesien und in afrikanischen Ländern verbreitet. Tee wird in der Regel in drei große Kategorien eingeteilt: grüner Tee, Oolong-Tee und schwarzer Tee. Die Zusammensetzung von Tee ist je nach Art, Saison, Alter des Blattes, Klima und Herkunft unterschiedlich (Degenhardt et al. 2000; Duh et al. 2004).

1.1.1 Herstellung des Tees

Es gibt mehr als eine Saison für die Ernte vom Tee (*Camellia sinensis*). Je nach Anbaugebiet sind zwischen 15 und 30 Pflückungen jährlich möglich. Die Tee-Triebe werden von Hand, manueller Schere, mechanisierter Schere oder Traktor-montierten Maschinen gepflückt. Demzufolge unterscheidet sich die Ernte in Kapazität und Qualität (fein oder grob).

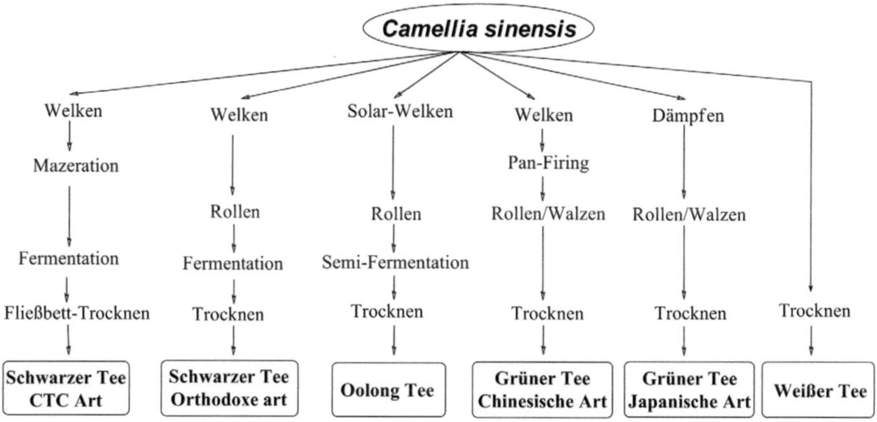

Abbildung 1: Tee Herstellung- wichtige Schritte und die entsprechenden Arten von Tees

Vom frischen Tee-Blatt werden verschiedene Arten vom Tee hergestellt. Bekannt ist grüner Tee, Oolong-Tee und schwarzer Tee. Gemeinsame Ursache für die Umwandlung von Tee-Phenolen bei der Herstellung von Schwarz- und Oolong-Tees ist der Fermentationsprozess. Diese Umwandlungen erfolgen durch endogene Enzyme - vor allem die Polyphenol-Oxidase. Für die Herstellung von grünen Tees sind die entsprechenden Enzyme durch Hitze vor dem Rollen desaktiviert. In Abbildung 1 werden die Herstellungsprozesse von verschiedenen Teesorten dargestellt. Die ISO-Definitionen für grünen und schwarzen Tee basieren auf unterschiedlichen Herstellungsprozessen (ISO 3720).

1.1.2 Schwarzer Tee

In der Tee-Industrie gibt es für schwarzen Tee hauptsächlich drei verschiedene Herstellungsverfahren: das orthodoxe Verfahren, CTC-Verfahren und LTP-Verfahren (Willson und Clifford 1991).

Teeblätter werden bei der orthodoxen Methode nach der Ernte auf Trockengestellen flach ausgebreitet und getrocknet, wobei sie ca. 30% ihrer Feuchtigkeit verlieren. Das Welken macht die Teeblätter weich und geschmeidig und ist für die weiteren Arbeitsschritte sehr wichtig. Beim Rollen werden die Teeblätter auf eine starre Unterlage gelegt und von oben durch einen kreisenden Zylinder gerollt. Dabei werden die Zellwände der Teeblätter aufgebrochen und der Zellsaft reagiert mit Luftsauerstoff und leitet den Fermentationsprozess ein. Mit Hilfe der teeblatteigenen Enzyme entwickelt sich das eigentliche Teearoma. Dabei verändern sich die Farbe und der Geschmack der Teeblätter. Durch die Reaktionswärme des Rollprozesses wird der Fermentationsprozess noch beschleunigt. Um die Oxidation zu fördern, wird der Raum mit Wasserdampf befeuchtet. Der richtige Zeitpunkt des Abbruchs der Fermentation ist ein wesentlicher Faktor für die Qualität des Tees. Das anschließende Trocknen bei 85-95°C macht den Tee haltbar.

Beim CTC (Crushing-Tearing-Curling)-Verfahren wird anstatt des Rollens mit einer glatten Walze eine Walze mit Dornen eingesetzt, die die Teeblätter in gleichgroße Blattteile zerreist. Dadurch entstehen ausschließlich Blattgrade der Stufe Fannings und Dust. Durch die vergrößerte Oberfläche dauert die Fermentierung nur ein Bruchteil des orthodoxen Verfahrens.

Das LTP (Lawrie-Tea-Processor)-Verfahren benutzt einen zentralen Drehkörper mit einer Reihe von Messern und Schlägern in einem runden Gehäuse.

Außer diesen drei Methoden werden andere Verfahren benutzt, z.B. die Rotorvane, BCR (Boruah-Continuous-Roller) und (Legg-Cutting) Maschinen (Willson und Clifford 1991).

1.1.3 Oolong Tee

Oolong Tee wird auch halbfermentierter Tee genannt. Nach dem Pflücken werden die Teeblätter in der Sonne für ca. 1-2 Stunden getrocknet. Dann wird das Blattgut gerollt wie beim schwarzen Tee und in großen Bambuskörben oder auf Siebe geschüttelt, um die Teeblätter an den Rändern aufzubrechen und einen teilweisen Fermentierungsprozess in Gang zu setzen. In einem abschließenden Trocknungsprozess wird dem Tee die letzte Feuchtigkeit entzogen, um ihn haltbar zu machen. Die Dauer der sogenannten Fermentation variiert bei Oolong Tees sehr stark.

1.1.4 Grüner Tee

Grüner Tee ist nicht fermentierter Tee. Teeblätter werden sofort nach Ernte gedämpft oder kurz erhitzt (Willson und Clifford 1991). Die Enzym-Aktion in den Blättern ist durch diese kurzzeitige Behandlung beendet, die Fermentation wird unterbunden und die endogene Komponente bleibt im Wesentlichen unverändert. Daher wird der Geschmack in erster Linie durch die Wahl der Triebe, des Erntezeitpunktes, der Reife der Blätter und die Anbau-Methode bestimmt.

Man unterscheidet zwei verschiedene Verfahren: das Verfahren des gedämpften Tees (Steaming Tea, SEN-CHA), das vor allem in Japan praktiziert wird, und die Methode des gerösteten Tees (Pan-fired Tea, KAMAIRI-CHA), die in China verwendet wird.

Beim SEN-CHA Tee werden die geernteten Teeblätter kurz mit heißem Wasserdampf behandelt und in dreistufiger Temperatur getrocknet. In dieser Form wird er als nicht-standardisierten Tee bezeichnet (BAN-CHA). Der standardisierter Tee (HON-SHA) ist für ein besseres und einheitlicheres Aussehen gesiebt und von Stengel und Staub befreit.

Beim KAMAIRI-CHA Tee werden die frisch gepflückten Blätter ca. 2 Stunden bei 250-300°C auf Bambussieben getrocknet, in wok-artigen Pfannen manuell kurz gefeuert, gerollt und anschließend mit einem Heissluftstrom bei 100-150 °C getrocknet. Das Blattgut wird in drei grüne Teesorten (Gun-, Chun-Mee- und Pan-fired Type) geformt.

1.1.5 Weißer Tee

1.1.5.1 Definition des weißen Tees

Nach (ISO 3720) stützten sich die Definitionen des schwarzen und grünen Tees auf die Art des Herstellungsprozesses. Im Entwurf-Bericht von ISO ist die Herkunft des weißen Tees beschrieben und folgende Definition vorgeschlagen: Da das Rollen bei der Verarbeitung von weißem Tee untersagt ist, sind abgeflachte, verdrehte oder geschnittene Blätter in der ganzen Blattgrade ein Indiz dafür, dass es sich bei dem Produkt nicht um weißen Tee handelt. Für Fannings und Tee-Extrakte wird vorgeschlagen, dass die Analyse der chemischen Zusammensetzung des weißen Tees notwendig ist, um zwischen weißen und einigen grünen Tees zu unterscheiden (ISO/TC 34/SC 8 N 625).

Andere bisherige Definitionsversuche für Weißtees widersprechen sich durch verschiedene Ansätze . Sie beruhen auf einem oder mehreren von den folgenden Ansätzen:

Herkunft: Weißer Tee aus speziellen Teepflanzen (*Camellia sinensis var. Khenghe Bai Hao und var. Fundin Bai Hao*), die nur aus der chinesischen Provinz Fujian stammen. Nach dieser geographischen Definition werden alle anderen weißen Teesorten aus Japan, Vietnam, Indien (Darjeeling und Assam) und Sri Lanka (silberne und goldene Tipps) ausgeschlossen.

Ernte und Herstellung: Bei der Ernte von weißem Tee werden nur die ungeöffneten Blattknospen mit oder ohne die ersten beiden Blätter gepflückt. Einige Sorten der Weißtees enthalten sogar nur Knospen. Weißer Tee wird minimal verarbeitet. Es erfolgt keine Hitzebehandlung bzw. kein Inaktivieren der Enzyme. Während grüner Tee geröstet bzw. gedämpft wird, und schwarzer Tee einer Fermentation unterworfen wird, bleibt der weiße Tee fast frisch.

In Bezug auf die Definition des schwarzen Tees und auf die Herstellungsprozesse des Weißen Tees, da keine Inaktivierung der Enzyme im Tee stattfindet, wurde weißer Tee in manchen Quellen als fermentierter Tee eingeordnet (Engelhardt und Hilal 2008; Hashimoto et al. 2007), während bei (Alcazar et al. 2007; Banerjee und Chaudhuri 2005) weißer Tee im Gegensatz dazu als nicht fermentierter Tee eingestuft wird. Allerdings ist es nicht möglich, aufgrund der Anwesenheit der typischen Fermentationsprodukte im Tee, wie Theaflavinen, eine Aussage zu treffen, ob es sich um fermentierten oder nicht fermentierten Tee handelt. Diese Fermentationsprodukte konnten sowohl in einigen grünen Tees (Lapczynski 2000) als auch in einer geringen Menge in einigen weißen Tee-Sorten nachgewiesen werden (Engelhardt und Hilal 2008; Hilal und Engelhardt 2007).

Aussehen: Weißer Tee wird eigentlich aufgrund seiner besonderen wahrnehmbaren Eigenschaften als weiß bezeichnet. Seine stark behaarten Knospen sind weißlich-silberig und flaumig. Dadurch entstehen eine helle Farbe im Aufguss und ein milderer Geschmack als bei anderen Tees.

In den Abbildungen 2 und 3 sind in der Vergrößerung die feinen Härchen der weißen Teeknospen aus China im Vergleich mit einem grünen Tee aus Japan klar zu erkennen.

1.1.5.2 Die verschiedenen Sorten des weißen Tees

Wie bei allen Tees gibt es auch eine Vielzahl an weißen Tees, die einen unterschiedliche geographische Ursprung, verschiedenes Rohmaterial (Knospen oder Blätter) und poetische Namen haben. Abbildung 4 zeigt einige weiße Teesorten. Einige wichtige weiße Teesorten sind die Folgenden (White tea central):

Abbildung 2: weißer Tee aus Fujian, China

Abbildung 3: grüner Tee aus Japan

Bai Hao Yinzhen (Silber Nadel): Dieser ist die höchste Qualität an weißem Tee aus Fujian. Die beste Qualität der Bai Hao Yinzhen Knospen sollten federnd, fleischig, hell gefärbt und mit feinen weißen Haaren bedeckt sein. Die Form ist sehr einheitlich, ohne Stiele oder Blätter. Die besten Yinzhen Knospen werden per Hand gepflückt während eines kurzen Zeitraums im frühen Frühling, wenn es nicht regnet oder kalt ist, bevor die Knospen sich zu Blättern entwickeln. Dieser weiße Tee hat einen zarten, leichten und leicht süßlichen Geschmack.

Bai Mu Dan (Weiße Pfingstrose - White Peony): Eine Klasse von Bai Hao Yinzhen Tee aus Fujian. In dieser Sorte sollten die Knospen und zwei Blätter mit einem feinen, silberigen weißen Haar gewählt werden. White Peony neigt zu einem stärkeren Geschmack und dunklerer Farbe als Silber-Nadel.

Gong Mei (Tribute - Augenbrauen): Die dritte Klasse der weißen Tees verwendet Blätter aus den kleinen weißen Tee-Bäumen (*Xiao Bai*) aus der Provinz Fujian. Es ist ein weißer Tee von niedrigerer Qualität und enthält wenige Knospen und viele junge Blätter.

Shou Mei (Noble, Lange Lebensdauer Augenbrauen): Die vierte Klasse der weißen Tees aus der Provinz Fujian und Guangxi in China wird später als Bai Mu Dan geerntet. Damit ist der Tee eventuell dunkler in der Farbe. Er ist ein fruchtiger, pelzig weißer Tee und enthält eine Mischung aus Tipps und oberen Blättern. Sein Aroma ist stärker als das von anderen weißen Tees und ist dem der Oolong-Tees sehr ähnlich.

Song Yang und Snow Bud (Xue Ya): sind andere weiße Teesorten aus China. Song Yang wird in der Song Yang Region der Provinz Zhejiang geerntet, während Snow Bud in sehr begrenzten Mengen auf den hohen Gipfeln der nördlichen Provinz Fujian geerntet wird.

Abgesehen von diesen oben genannten chinesischen Tees gibt es eine Reihe von anderen weißen Tee-Sorten, einige sind nach der Herkunftsregion benannt wie z.B.:

- Weißer Ceylon: Dieser Tee wachst in Sri Lanka und hat ein sehr leichtes Aroma von Pinien und Honig und einen goldenen kupferfarbigen Aufguss.
- Weißer Darjeeling: Ein Tee aus der Darjeeling-Region in Indien und hat ein feines Aroma mit einem sanften leicht süßen Geschmack und einem goldenen Aufguss.

- Weißer Assam: Eine seltene weiße Teesorte kommt aus der Region Assam in Indien. Ein weißer Assam ist leichter in dem Körper als der traditionelle schwarze Assam-Tee und hat einen raffinierten süßen Aufguss.
- Afrikanischer Weißtee: Dieser Tee wird in geringe Mengen in Malawi und Kenia, meist als Silber-Nadeln (Yin Zhen) Art, hergestellt. Sein Geschmack ist reicher als der der chinesischen weißen Tees.

Abbildung 4: Einige weiße Teesorten

1.1.5.3 Produkte der weißen Tees

In China wurde weißer Tee traditionell als Arzneimittel und Getränk benutzt. Derzeit wird weißer Tee in vielen anderen Ländern ebenso als Getränk gebraucht, sowohl in Form von Instant-Produkten als auch als Zusatz in Fertiggetränken (Engelhardt und Hilal 2008). Allerdings wurden auch RTD-Produkte mit weißem Teeextrakt in Kosmetika eingesetzt und auf dem europäischen Markt eingeführt, wie z.B. Düfte, Feuchtigkeitscreme, Körpermilch und Duschgel (Matthews 2003; Tea Collection; Twenga). Diese Produkte werden mit zahlreichen Aussagen beworben (niedrige Gehalte an Coffein, „anti-aging" Effekt, extrem hohe Gehalte an Antioxidantien).

1.2 Polyphenole

1.2.1 Biosynthese der Polyphenole

Die de-novo-Synthese der Flavonoide umfasst die Schritte der Umwandlung von Glucose in Phenylalanin über den Shikimisäureweg und die Bildung von Zimtsäure oder Cumarsäure.

Alle wesentlichen Schritte der allgemeinen Flavonoidbiosynthese sind heute genetisch und biochemisch gut charakterisiert (Forkmann und Heller 1999). Ein Ausschnitt aus der Biosynthese der wichtigsten Tee-Polyphenole ist in der Abbildung 5 dargestellt.

Alle Precursoren der Polyphenole entstammen dem Kohlenhydratstoffwechsel. Über Shikimisäure, Phenylalanin und Zimtsäure wird 4-Cumarsäure gebildet. Diese reagiert als 4-Cumaroyl-CoA mit 3 Molekülen Malonyl-CoA zum 4,2′,4′,6′-Tetrahydroxychalkon, das bereits das C-15-Grundgerüst der Flavonoide aufweist und das mehrere phenolische OH-Gruppen trägt.

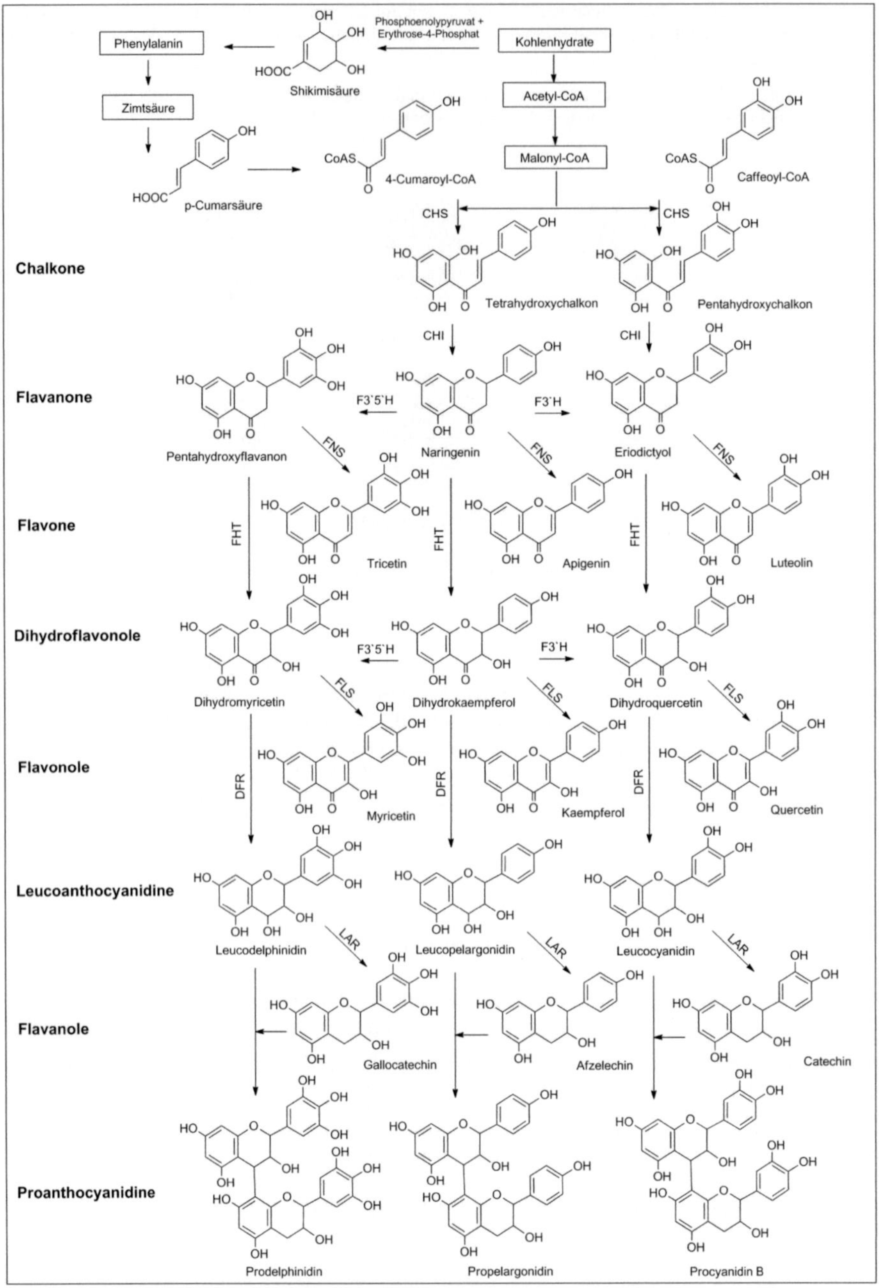

Abbildung 5: Schematische Darstellung der Flavon-, Flavanol- und Proanthocyanbiosynthese; Abkürzungen zu Enzyme siehe Anhang 1

Durch Ringschluß bilden sich die Flavanone, von der sich Flavone und Dihydroflavonole ableiten. Durch Einfügen einer Doppelbindung zwischen C2 und C3 zu den Dihydroflavonolen bilden sich die Flavonole. Die Dihydroflavonole werden durch Reduktion der Ketogruppe zu Leucoanthocyanidinen umgewandelt, die als kurzlebige Vorstufen der Anthocyane und Flavanole sowie deren Kondensationsprodukte gesehen werden. Durch eine Vielzahl weiterer glykosilierender, methylierender, acylierender u.a. Enzyme entsteht eine enorme Vielfalt an Flavonoiden. Anhang 1 zeigt einige Enzyme, die für die Polyphenolsynthese wichtig sind.

1.2.2 Allgemeine Klassifizierung der Polyphenole

Phenolische Verbindungen sind im Pflanzenreich weit verbreitete Inhaltsstoffe. Die phenolischen Verbindungen zählen zu den sekundären Pflanzenstoffen, da sie nicht im Primärstoffwechsel der Pflanze gebildet und verbraucht werden. Ihre genauen Funktionen in der Pflanze sind noch Gegenstand der Forschung, wobei sie als Abwehrstoffe gegen Schädlinge und Krankheiten, als Wachstumsregulatoren und als Farbstoffe von der Pflanze synthetisiert werden (Bitsch 1999). In vielen Obstarten tragen sie zu Geschmack und Aussehen bei und prägen daher auch wesentlich den Charakter von z.B. Fruchtsäften, Weinen und Tees. Sie bestimmen maßgeblich deren Farbe, Geschmack und Stabilität und damit auch letztendlich ihre Qualität.

Heute werden für die phenolischen Verbindungen der Pflanzen (früher Tannine bzw. Gerbstoffe) in Wissenschaftskreisen die verwandten Bezeichnungen Pflanzenphenole, Polyphenole, oder kurz Phenole verwendet.

Die Flavonoide und ihre Derivate haben die größte Bedeutung unter den Polyphenolen in Pflanzen. Die Grundstruktur der Flavonoide setzt sich aus einem C6-C3-C6-Ringsystem zusammen. Das C15-Grundgerüst besteht aus zwei aromatischen Ringsystemen A und B, die über einen heterozyklischen Pyranring (C) gebunden sind (Abbildung 6). Aus dem Phenylpropanweg stammt die C6-C3-Einheit, die dem B- und C-Ring zu Grunde liegt. Die C3-Seitenkette wird verlängert mit Acetateinheiten aus dem glykolytischen Zuckerabbau.

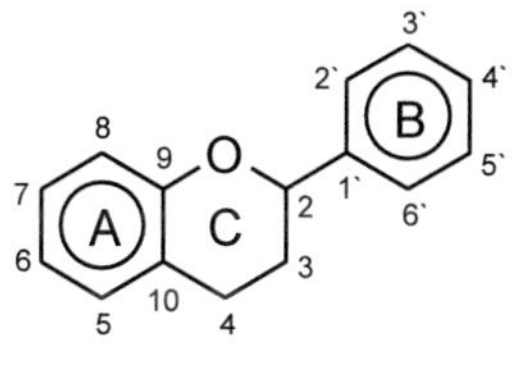

Abbildung 6: Grundstruktur der Flavonoide

Die große Vielfalt der Flavonoide begründet sich durch die Modifikationen des Grundgerüstes. Durch Ersetzen von Hydroxyl- oder Methoxylgruppen in den Benzolringen A und B oder durch Verknüpfung der Hydroxylgruppen mit einem Zucker bzw. Phosphat oder durch Variationen am Pyranring können viele Derivate gebildet werden, von denen bisher über 4000 Verbindungen aus Pflanzen isoliert und identifiziert wurden. Aufgrund unterschiedlicher Grundstrukturen ist es sinnvoll und notwendig, eine weitere Unterteilung dieser Gruppe vorzunehmen. Die wichtigsten Untergruppen und ihre Vertreter in Pflanzen sind (Harborne 1988):

- Flavanone, z.B. Naringin, Hesperitin.
- Flavone, z.B. Apigenin, Luteolin, Chrysoeriol, Tricin.
- Flavonole, z.B. Kämpferol, Quercetin, Myricetin, Isorhamnetin.
- Flavan-3-ole (Catechine), z.B. (+)-Catechin, (-)-Epicatechin, (+)-Gallocatechin, (-)-Epigallocatechin, (-)-Epigallocatechin-3-O-gallat.
- Proanthocyanidine, z.B. Procyanidine.
- Anthocyanidine, z.B. Pelargonidin, Delphinidin, Cyanidin, Petunidin, Malvidin.

1.2.3 Teepolyphenole

Die Tee-Polyphenole lassen sich anhand ihres molekularen Aufbaus (Clifford 2001) in drei Untergruppen einteilen:

- Einfache Phenole, die einen einzigen aromatischen Ring und eine oder mehrere Hydroxlygruppen besitzen, z.B. Phenolcarbonsäuren.
- Polyphenole, Verbindungen mit mindestens zwei aromatischen Ringen, jeweils mit mindestens einer aromatischen Hydroxylgruppe, z.B. Flavonoide.
- Tannine, Verbindungen mit großen Molekülen, die aus vielen Untereinheiten (12-16 phenolische Gruppen und 5-7 aromatischen Ringen) bestehen.

Die Phenolcarbonsäuren stellen sich als Beispiel der einfache Phenole dar. Sie lassen sich weiter in die Gruppe der Hydroxybenzoesäure mit einem C1-C6 Grundkörper und der Hydroxyzimtsäure mit einem C3-C6 Grundkörper unterteilen: Gallussäure, Vanillinsäure und Protocatechusäure als Beispiel für Hydroxybenzoesäurederivate und Kaffesäure, p-Cumarsäure und Chlorogensäure als Beispiel für Hydroxyzimtsäurederivate (Abbildungen 7 und 8). Auf die Phenolcarbonsäuren wird in dieser Arbeit nicht näher eingegangen.

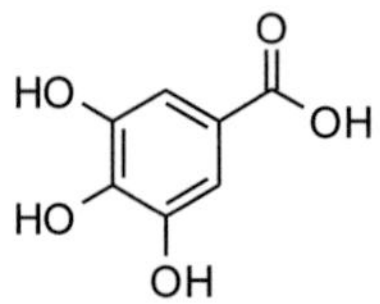

Abbildung 7: Struktur der Gallussäure

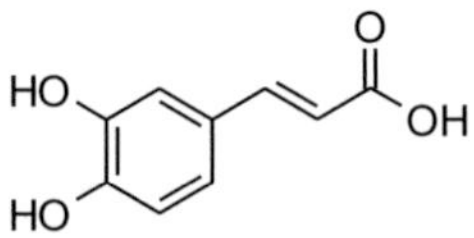

Abbildung 8: Struktur der Kaffeesäure

Tee-Polyphenole, insbesondere die Flavonoide, erwecken großes Interesse wegen ihrer gesundheitsfördernden Eigenschaften. Diese wurden zusammengefasst in einer Reihe von Bewertungen (Cooper et al. 2007; Knekt et al. 2002; Kuo et al. 2005; Lichtenthäler und Marx 2005; Manning und Roberts 2003; Unno et al. 2005; Warden et al. 2001a). Bezogen auf das Trockengewicht enthalten frische Teeblätter bis zu 30% Polyphenole (Kiehne und Engelhardt 1996). Die wichtigsten Teepolyphenole sind die Catechine, Flavonol-O-glykoside, Flavonol-C-glykoside, Proanthocyanidine und im schwarzen Tee auch Theaflavine und Thearubigine, die aus den Catechinen während der Fermentation entstehen. Einige Teepolyphenole werden im Folgenden näher erläutert.

1.2.3.1 Flavan-3-ole (Catechine)

Catechine sind Flavan-3-ole, die sich in ihrem Hydroxylierungsmuster am B-Ring unterscheiden. Die wichtigsten Vertreter dieser Substanzgruppe sind (+)-Catechin (+C), (+)-Gallocatechin (GC), (-)-Epicatechin (EC), (-)-Epigallocatechin (EGC), (-)-Epicatechingallat (ECG) und (-)-Epigallocatechingallat (EGCG). Die Strukturformeln der wichtigsten Flavanole sind in der Abbildung 9 dargestellt. Außer diesen Hauptflavanolen wurden in frischen Teeblättern eine Reihe weiterer Verbindungen identifiziert, z.B. Digallat von Epicatechin und Epigallocatechin, Epiafzelechin (EA) und Epiafzelechin-3-O-gallat (EAG) (Hashimoto et al. 1987; Nonaka et al. 1983).

Catechine leisten einen Beitrag zum bitteren und adstringierenden Geschmack vom Tee. Ihr Gehalt in den Teeblättern liegt bis zu 20% der Trockenmasse des Tees (Engelhardt 1999a; Kuhr und Engelhardt 1991). Viele Faktoren beeinflussen den Catechingehalt in den Teeblättern wie z.B. Alter, Wachstumsrate, Jahreszeit, Klima, Anbaugebiet und Produktionsbedingungen. In jungen Blättern sind die Syntheserate und damit die Flavanolkonzentration am höchsten. Allerdings verringert sich der Polyphenolgehalt mit zunehmendem Alter und gleichzeitig vermindert sich das Verhältnis von veresterten zu freien Catechinen. Da die Flavanolgehalte in jungen Blättern und Knospen am höchsten sind, liefern sie die besten Teesorten (Forrest und Bendall 1969).

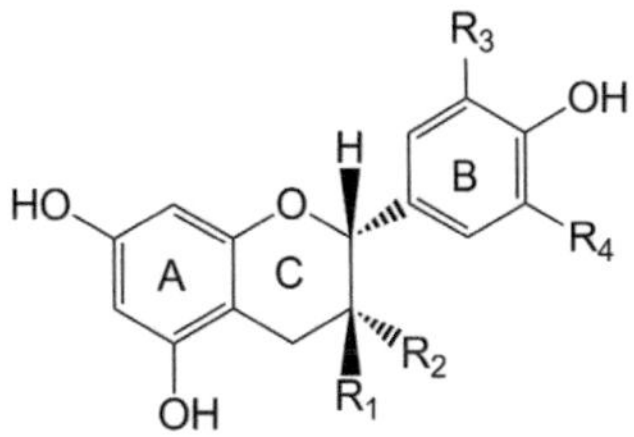

Flavan-3-ol	R1	R2	R3	R4	Konfiguration
(+)-Catechin	OH	H	OH	H	2R, 3S
(-)-Epicatechin	H	OH	OH	H	2R, 3R
(+)-Gallocatechin	OH	H	OH	OH	2R, 3S
(-)-Epigallocatechin	H	OH	OH	OH	2R, 3R
(-)-Epicatechingallat	H	galloyl	OH	H	2R, 3R
(-)-Epigallocatechingallat	H	galloyl	OH	OH	2R, 3R
(-)-Epiafzelechingallat	H	galloyl	H	H	2R, 3R
(-)-Epiafzelechin	H	OH	H	H	2R, 3R
(-)-Afzelechin	OH	H	H	H	2R, 3R

Abbildung 9: Strukturformeln der wichtigsten Flavan-3-ole

Während der Fermentation werden meist mehr als 80% der Flavanole unter Einwirkung der Polyphenoloxidase oxidiert. Dadurch werden die charakteristischen Schwarzteekomponenten gebildet wie z.B. Theaflavine, Theaflavinsäuren, Theaflagalline und Bisflavanole. Dementsprechend hat die Zusammensetzung der Catechin-Fraktion einen signifikanten Einfluss auf die gebildeten Fermentationsprodukte und folglich auch auf die Qualität des schwarzen Tees (Robertson 1992).

1.2.3.2 Proanthocyanidine

Die Proanthocyanidine (kondensierte Tannine) sind Dimere, Oligomere und Polymere der Flavan-3-ole, die durch enzymatische oder chemische Kondensation der Flavan-3-ol-Grundeinheiten entstehen. Reine Catechin-/Epicatechin-Verbindungen werden als Procyanidine bezeichnet und sind die verbreitetste Gruppe der Proanthocyanidine, aber auch Prodelphinidine (Gallocatechin-/Epigallocatechin-Verbindungen) kommen vor. Die Catechine in den Proanthocyanidine sind meist über eine 4-8 oder 4-6 Interflavanverknüpfung verknüpft. Die beiden Verknüpfungsmöglichkeiten der Proanthocyanidine sind in Abbildung 10 gezeigt. Der Name Proanthocyanidine, früher auch Leucoanthocyanidine, besagt, dass es sich um farblose Vorstufen der Anthocyanidine handelt, da aus den Proanthocyanidinen beim Erhitzen in saurer Lösung unter Spaltung der Interflavan-Verknüpfung und Freisetzung der Flavaneinheiten als Carbokation und dessen anschließende Oxidation durch Luftsauerstoff farbige Anthocyanidine entstehen (Dixon et al. 2005; Lepiniec et al. 2006). Als Leucoanthocyanidine werden heute die biosynthetischen Vorstufen der Anthocyane, die Flavan-3,4-diole, bezeichnet (Gross et al. 1998).

Als kondensierte Gerbstoffe tragen Proanthocyanidine zu kritischen Eigenschaften wie Farbe, Stabilität, Herbheit und Bitterkeit der Pflanze oder daraus gewonnenen Lebensmitteln und Getränken wie Wein und Tee bei. Bei geringem Polymerisationsgrad sind sie farblos und sie haben einen bitteren Geschmack, erst bei höherem Polymerisationsgrad entsteht eine gelbliche bis braune Farbe (Lea und Arnold 1978).

Zahlreiche Proanthocyanidine aus frischen Teeblättern wurden von japanischen Arbeitsgruppen isoliert und identifiziert, davon sind einige veresterte Procyanidin- und Prodelphinidin-Dimere und einige Trimere (Hashimoto et al. 1987). Es wurde auch beobachtet, dass besonders die galloylierten Proanthocyanidine während der Fermentation abgebaut werden (Hashimoto et al. 1992). Mindestens 16 Proanthocyanidine wurden im Tee isoliert und identifiziert. Der Gesamtgehalt der Proanthocyanidine im grünen Tee ist deutlich höher als in schwarzem Tee (Engelhardt et al. 2004; Lakenbrink 2000; Lakenbrink et al. 1999). Weiterhin haben Proanthocyanidine einen Einfluss auf die menschliche Gesundheit durch den Schutz gegen freie Radikale, Verletzungen und Herz-Kreislauf-Erkrankungen (Bagchi et al. 2000; Cos et al. 2004).

Neben den Proanthocyanidinen sind die hydrolysierbaren Gerbstoffe die zweite Gruppe der Tannine. In der Mitte eines hydrolysierbaren Tannin-Moleküls ist ein Kohlenhydrat (meist D-Glucose). Die Hydroxylgruppen der Kohlenhydrate sind ganz oder teilweise mit Phenolsäuren wie Gallussäure (in Gallotannin) oder Ellagsäure (in Ellagitannin) verestert. Als Beispiel für ein hydrolysierbares Tannin im Tee ist das Ellagitannin (Strictinin) und das Gallotannin (1,4,6-O-Galloylglucose) (Nonaka et al. 1983; Nonaka et al. 1984; Yagi et al. 2009) zu nennen.

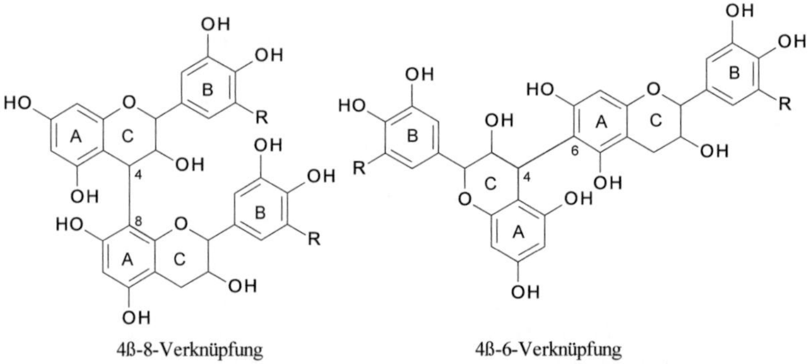

Abbildung 10: Struktur der Procyanidine (R=H) und der Prodelphinidine (R=OH)

1.2.3.3 Bisflavanole

Bisflavanole A, B und C sind farblose, aus zwei Flavanolen aufgebaute Verbindungen, deren B-Ringe C2´-C2´verknüpft sind (Abbildung 11). Sie wurden unter anderer Nomenklatur möglicherweise in Unkenntnis früherer Arbeiten als Theasinenensine A bis G bezeichnet (Ternes et al. 2005). Sie kommen in frischen Teeblättern sowie auch in fermentiertem Tee vor (Nonaka et al. 1983; Roberts 1985). Die Bisflavanolgehalte sind im schwarzen Tee deutlich höher als im grünen Tee (Lakenbrink 2000).

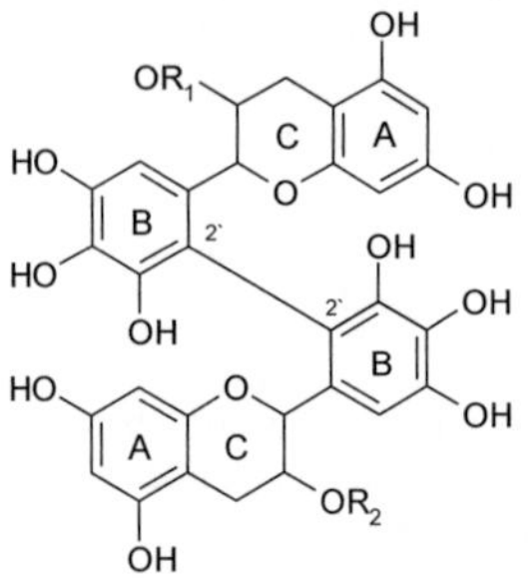

	R1	R2
Bisflavanol A	galloyl	galloyl
Bisflavanol B	H	galloyl
Bisflavanol C	H	H

Abbildung 11: Struktur der Bisflavanole A, B und C

1.2.3.4 Theaflavine und Thearubigine

Während der Fermentation werden die Flavanole oxidiert und die Theaflavine und Thearubigine gebildet. Das erklärt den niedrigen Gehalt an Catechinen im schwarzen Tee im Vergleich mit grünem Tee.

Der Begriff Theaflavine (TF) wurde von Roberts et al. (1956) für die orange-rötlichen Pigmente im Tee benutzt. Ihre Strukturen wurden von Collier et al. (1973) vollständig aufgeklärt. Theaflavine werden von 2 Catechin-Monomeren gebildet. Die Hauptverbindungen sind Theaflavin und dessen Gallussäureester, die bis zu 2,5% der Trockenmasse vom schwarzen Tee ausmachen können (Lapczynski 2000).

Zu den Theaflavinen gehören auch Isotheaflavine, Theaflagalline, Theaflavinsäuren und das stereoisomere Neotheaflavin, deren Gehalte bis zu 0,1% in Trockenmasse des Tees ausmachen (Collier et al. 1973; Nonaka et al. 1986). Abbildung 12 zeigt die Strukturen der wichtigsten Theaflavine.

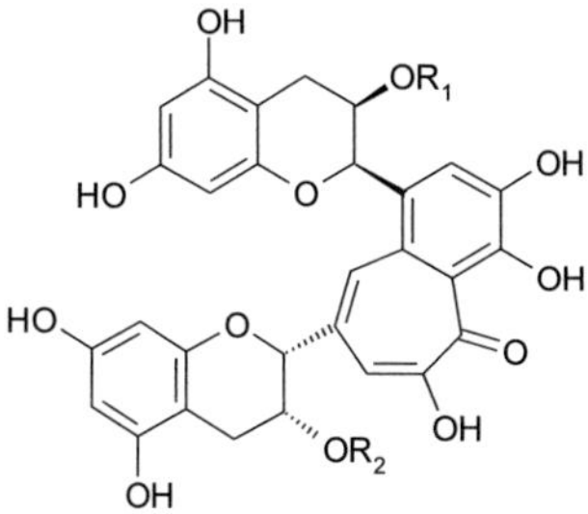

	R1	R2
Theaflavin	H	H
Theaflavin-3′-gallat	galloyl	H
Theaflavin-3-gallat	H	galloyl
Theaflavin-3,3′-gallat	galloyl	galloyl

Abbildung 12: Theaflavine

Die Thearubigine (TR) bekamen ihren Namen ebenfalls von Roberts et al. (1956). Strukturell wurden die TR noch nicht aufgeklärt, aber es wurde vorgeschlagen, dass die B-Ring interflavonoide Bindung (2'-2 ', wie in Bisflavanolen) eine Basis der Thearubigine oder einem Teil davon sein könnte. Es ist bekannt, dass diese Verbindungen sich durch Enzym-Oxidation von Flavanolen während der Herstellung vom schwarzen Tee bilden. Über die Chemie der Thearubigine ist nicht viel bekannt, außer, dass sie schwach sauer und zum Teil für die Farbe des schwarzen Tees verantwortlich sind (Robertson 1992).

1.2.3.5 Flavonolglykoside

Flavonole kommen in Pflanzen häufig als Glykoside vor. Wie bei den Anthocyanen ist das C3-Atom der bevorzugte Bindungsort für die Sauerstoffbrücke. Als häufigste Zuckerreste sind Glucose, Galactose und Rhamnose zu nennen (Finger 1991). Abbildung 13 zeigt die Strukturformel der Flavonole.

Flavonole machen ungefähr 1-3% bezogen auf das Trockengewicht der Teeblätter aus (Balentine et al. 1997; Engelhardt et al. 1992; Scharbert et al. 2004). Mindestens 14 verschiedene Mono-, Di-und Triglykoside von Kämpferol und Quercetin und Mono- und Diglykoside von Myricetin wurden im Tee (*Camellia sinensis*) isoliert und charakterisiert (Engelhardt et al. 1992; Finger et al. 1991; Kiehne und Engelhardt 1996; Scharbert et al. 2004).

Die Triglykoside (Rhamnodiglucosid und Glucorhamnogalactosid) von Kämpferol und Quercetin wurden als charakteristische Verbindungen des Tees benannt (Finger et al. 1991). Darüber hinaus konnten herkunftsspezifische Charakteristika in den Flavonolglykosid-Mustern von Tees verschiedener Anbaugebiete festgestellt werden (Engelhardt et al. 1992; Price et al. 1998; Winterstein und Finger 1998).

Nach den Untersuchungen von Lakenbrink (2000) sind die Gesamtflavonolglykosidgehalte des schwarzen Tees (0,47-1,79% i.Tr.) deutlich geringer als die des grünen Tees (0,61-2,24% i.Tr.). Während der Fermentation werden Flavonole im Gegensatz zu den Flavanolen nicht stark abgebaut. Davon sind die Flavonoltriglykoside am meisten betroffen, wobei ihre Konzentrationen 0,86% i.Tr. im grünen Tee und 0,26% i.Tr. im schwarzen Tee beträgt (Lakenbrink 2000).

Nach einer Studie von Scharbert et al. (2004) wurde berichtet, dass weder die hochmolekularen Polyphenole wie Thearubigine noch die Catechine und Theaflavine, sondern eine Reihe von 14 Flavon-3-ol-Glykosiden für adstringierenden Geschmack von schwarzem Tee verantwortlich sind.

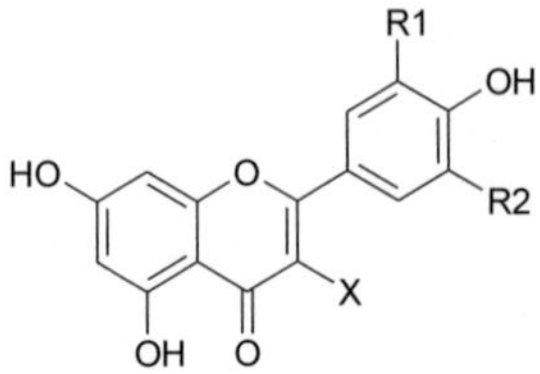

		R1	R2
Flavone (X = H)	Apigenin	H	H
	Luteolin	OH	H
	Tricetin	OH	OH
Flavonole (X =OH)	Kämpferol	H	H
	Quercetin	OH	H
	Myricetin	OH	OH

Abbildung 13: Struktur der Flavone und der Flavonole

1.2.3.6 Flavon-C-glykoside

Neben Catechinen und Flavonolglykosiden stehen die Flavone für die dritte wichtige Gruppe von niedrigmolekularer Masse der Tee-Polyphenole. Sie kommen im Tee als C-Glykoside vor. Sie treten im Tee in 10-mal niedrigeren Konzentrationen als die Flavonolglykoside auf (Engelhardt et al. 1993). Ihre Struktur ist in Abbildung 13 dargestellt. Aufgrund ihrer gelben Farbe tragen die Flavon-C-glykoside (FCG) zur Farbe der grünen Tee-Getränke bei. Nach den Untersuchungen von Lakenbrink (2000) betragen die FCG-gehalte im grünen Tee durchschnittlich 1619 mg/kg i.Tr. und liegen damit höher als im schwarzen Tee mit 935 mg/kg i.Tr..

1.3 Physiologische Wirkungen des Tees

Die gesundheitlichen Wirkungen des Tees bzw. seiner Polyphenole hängen von seiner jeweiligen Aufnahme und Bioverfügbarkeit ab, die stark variieren können. Viele mögliche positive Auswirkungen von Tees auf die Gesundheit wurden vorgeschlagen und unterstützt durch viele Studien.

Krebs: Zahlreiche Studien zeigten, dass Tee (insbesondere grüner Tee) vor einer Reihe von Krebsarten schützt, wie Lungen-, Prostata-, Brust-, Magen- und Hautkrebs (Carlson et al. 2007; Di Carlo et al. 1999; Formica und Regelson 1995; Graf et al. 2005; Kuntz et al. 1999; Steinmetz und Potter 2001; Wang et al. 2008). Andere Studien weisen darauf hin, dass weißer Tee wie grüner Tee eine Hemmung auf die Darmkrebs-Erreger in Mäusen, wie Darmpolypen (Dashwood 2002; Dashwood et al. 2002; Wang et al. 2008) und auf die Zellvermehrung dieser Krebs-Erreger hervorrufen (Carter et al. 2007). Weißer Tee war signifikant wirksamer als grüner Tee gegen Krummdarmkrebs und andere Krebsarten (Orner et al. 2003; Santana-Rios et al. 2001; Santana-Rios et al. 2000).

Chronische Krankheiten: Viele Studien weisen daraufhin, dass es eine Verknüpfung zwischen der Tee-Polyphenol-Aufnahme und späterem Auftreten von verschiedenen Krankheiten gibt, wie Alzheimer- und Parkinsonkrankheit (Zhao 2006) und Asthma (Knekt et al. 2002). Klinische Studien zeigten, dass Tee den Fettstoffwechsel verbessert, die Fettverbrennung beschleunigt und die Insulinsensitivität verbessert (Dulloo et al. 2000; Venables et al. 2008) und somit das Risiko des Type-2-Diabetes senkt (Iso et al. 2006; Knekt et al. 2002).

Herz-Krankheiten: Tee Konsum - abhängig von der Dosis – verbessert der Reaktionsfähigkeit von Blutgefäßen, verringert den Blutdruck und die arterielle Steifheit (Medical News Today). Nach Angaben der Literatur besitzen die Tees, insbesondere ihre Flavonolglykoside, schützende Wirkung gegen Arteriosklerose und Herz-Kreislauf-Erkrankungen wie Myokard-Infarkt und Schlaganfälle (Di Carlo et al. 1999; Halliwell 1994; Hertog et al. 1993; Keli et al. 1996; Knekt et al. 2002).

Antioxidative Effekte: Viele biologische Funktionen des Tees beruhen auf der antioxidativen Aktivität der Polyphenole (Rice et al. 1996; Souza et al. 2007; Zhao 2006). Aufgrund ihrer Struktur haben Polyphenole die Fähigkeit, freie Radikale einzufangen und verhindern somit die negativen Auswirkungen der Radikale auf verschiedene Stoffwechselvorgänge (Bast 1990; Bonina et al. 1996; Teissedre und Waterhouse 2000). Sie verhindern den photooxidativen Stress in der Haut und schützen gegen UV-Strahlen. Daher werden sie als Schutz-Agens bei bestimmten Hauterkrankungen, die durch Sonnenlicht verursacht, angeregt oder erschwert werden, verwendet (Bonina et al. 1996). Dazu können sie wahrscheinlich die oxidative Schädigung der DNA durch ihre schützenden Eigenschaften verhindern (Formica und Regelson 1995; Halliwell 1994). Einige komparative Studien zeigten, dass weißer Tee eine stärkere antioxidative Aktivität besitzt als grüner Tee (Calzuola et al. 2006; Gawlik und Czajka 2007).

Andere Krankheiten: Weitere schützende Eigenschaften der Polyphenole sind in vielen Veröffentlichungen beschrieben (Ara et al. 2008). Sie sind antientzündlich durch Modulation der Eicosanoid-Biosynthese (Formica und Regelson 1995), antihypertensiv, antiarrythmisch und antiviral durch Hemmung der Transkriptase (Ielpo et al. 2000) sowie immunstärkend (Santana-Rios et al. 2001).

Ferner wurde berichtet, dass Tee den Cholesterinsspiegel im Blut senkt, den Magen beruhigt, die Zähne vor Karies schützt und als ergänzende Therapie bei HIV-Patienten eingesetzt werden könnte.

Bei all diesen hervorzuhebenden positiven Effekten der Polyphenole sollte jedoch berücksichtigt werden, dass die beschriebenen gesundheitlichen Aspekte nicht nur einer Substanz oder einer Substanzgruppe zugeschrieben werden können. So sind Phänomene wie das Französische Paradoxon (Caderni et al. 1999) niemals auf eine Ursache zurückzuführen. Weitere Effekte wie die unterschiedlichen Ernährungs- und Lebensumstände sind sicherlich auch zu berücksichtigen.

1.4 Bioverfügbarkeit der Polyphenole

Polyphenole haben wegen der Unterschiede in ihren chemischen Strukturen, Bioverfügbarkeit, Verteilung und Metabolismus unterschiedliche Auswirkungen auf die menschliche Gesundheit.

Viele Forscher haben die Kinetik und das Ausmaß der Polyphenol-Absorption durch Messung der Plasma-Konzentration und Urinausscheidung bei Erwachsenen nach der Einnahme einer Einzeldosis von Polyphenolen als reine Verbindung, Pflanzenextrakt oder nach normaler Nahrungsaufnahme untersucht. Die Bioverfügbarkeit variiert zwischen den Polyphenolen je nach den Nahrungsquellen und ihrer erhaltenen Formen. Ihre Auswirkungen auf die Gesundheit hängen von ihrer jeweiligen Aufnahme und ihrer Bioverfügbarkeit ab.

Die Studien zeigten, dass Gallussäure die am besten absorbierte Phenolsäure ist. Gallussäure kommt in verschiedenen Formen vor, wie in freier Form, veresterte mit Glucose (Gallotannin und Ellagitannin), oder veresterte mit Catechinen oder Proanthocyanidinen (Manach et al. 2005). Folglich sind die Isoflavone die am besten absorbierten Flavonoide (Manach et al. 2005). Die nicht galloylierten Catechine, wie Epicatechin und Epigallocatechin, zeigen die bessere Absorption, Metabolisierung und Ausscheidung als die galloylierten Formen wie Epigallocatechingallat (Warden et al. 2001b). Danach folgen die Flavanone und Flavonole, jedoch mit unterschiedlicher Kinetik. Die Bioverfügbarkeit von Flavonolen, insbesondere Quercetin, unterscheidet sich je nach Nahrung und Art des Zuckerrestes (Formica und Regelson 1995; Manach et al. 2004). Die am wenigsten absorbierten Polyphenole sind die Proanthocyanidine, die galloylierten Tee-Catechine und Anthocyane (Manach et al. 2004; Manach et al. 2005).

1.5 Aminosäuren

Eine weitere Gruppe der wichtigen Inhaltsstoffe im Tee umfasst die Aminosäuren. Es wurden im Tee viele Aminosäuren detektiert, wie z.B. Asparaginsäure, Glutaminsäure, Glycin, Serin, Glutamin, Tyrosin, Threonin, Alanin, Leucin, Lysin, Arginin und Histidin. Sie machen etwa 1-3,5% der Trockenmasse der Teeblätter aus und sind für den frischen und angenehmen Geschmack des Tees von entscheidender Bedeutung (Lehmann und Neumann 1974). Zusätzlich zu diesen üblichen Aminosäuren enthält Tee eine einzigartige Substanz namens Theanin, einen Abkömmling des Glutamins, der in der Regel den Großteil des Aminosäuren-Anteils der Teeblätter (mehr als 50% bei hochqualitativen Grüntees) ausmacht. Im Rahmen dieser Arbeit wird nur Theanin untersucht.

1.5.1 Theanin

Theanin (5-N-ethylglutamin) ist in Teeblättern und anderen Teilen des Teestrauches (*Camellia sinensis*) enthalten und wurde zum ersten Mal 1949 in Teeblättern entdeckt (Feldheim et al. 1986). Es kommt im Tee in seiner L-Form im Konzentrationsbereich von 0,5–2% des Trockengewichtes vor (Engelhardt 2007; Tsushida 1987). L-Theanin kommt in zwei weiteren *Camellia*-Arten (*C. japonica und C. sasanqua*) sowie in Maronenröhrlingen (*Xerocomus badius*) vor (Bundesinstitut für Risikobewertung (BfR) 2003; Feldheim et al. 1986; Fugmann et al. 1997; Tsushida 1987). Theanin wird in den Wurzeln der Teepflanze mit Hilfe der Theanin-Synthetase aus Glutaminsäure und Ethylamin synthetisiert, in die Blätter transportiert und dort akkumuliert. Zusammen mit Glutamin und weiteren freien Aminosäuren bildet Theanin den Nicht-Protein-Stickstoff-Pool der Pflanze (Feldheim 2001). Seine chemische Struktur ist in Abbildung 14 dargestellt.

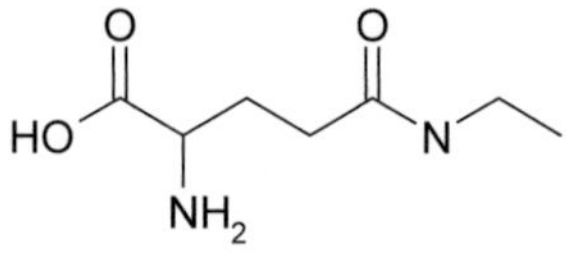

Abbildung 14: Theanin

1.5.2 Physiologische Wirkung des Theanins

Theanin wirkt dem Coffein im Tee entgegen. Im Gegensatz zu Coffein beruhigt Theanin dosisabhängig das Zentralnervensystem (Bundesinstitut für Risikobewertung (BfR) 2003). Außerdem schmeckt Theanin, zusammen mit den anderen Aminosäuren, süßlich und es schwächt den bitteren Geschmack der Catechine ab. L-Theanin ist zusammen mit u. a. Asparaginsäure, Theogallin, Gallussäure für die Intensität des „Umami"- Geschmacks vom Grünen Tee verantwortlich (Kaneko et al. 2006). Aufgrund ihres positiven Einflusses auf den Geschmack werden seitens der Teehersteller viele Anstrengungen unternommen, um den Gehalt der Aminosäuren im Tee, vor allem im grünen Tee, zu steigern.

Es wurde in vielen Studien publiziert, dass L-Theanin wichtige Wirkungen im Bereich Physiologie, Biochemie, Pharmazie und Medizin zeigt, wie z.B. neuroprotektive, relaxierende, angstlösende und blutdrucksenkende Wirkungen. Die meisten Fachpublikationen und die Untersuchungen über die pharmakologische Wirkung des Theanins beruhen auf Tierexperimenten. Danach kann Theanin die Freisetzung der Hormone Serotonin und Dopamin erhöhen und somit die Lernfähigkeit verbessern (Dimpfel et al. 2007; Nathan et al. 2006). Diese Verbindung kann weiterhin die krampfauslösende Wirkung des Coffeins bei Mäusen hemmen (Kimura und Murata 1986), die psychologischen und physiologischen Stressreaktionen reduzieren, die seelische Entspannung erhöhen und emotionalen Stress lösen (Kimura et al. 2007).

Allerdings gibt es wenige Studien über die Wirkung des Theanins beim Menschen (Juneja et al. 1999). In einer Studie an 24 Probanden wurde die Wirkung der alleinigen und gleichzeitigen Gabe von L-Theanin mit Coffein auf kognitive Fähigkeiten getestet. Die alleinige Applikation von Theanin zeigte im Gegensatz zur kombinierten Gabe mit Coffein kaum Effekte. Somit kann gesagt werden, dass Theanin die stimulierende Coffein-Wirkung beim Menschen nicht hemmt, sondern verstärkt (Haskell et al. 2007).

Eine zweite Studie, bei der entweder Coffein, Theanin oder beide Wirkstoffe an den Probanden verabreicht wurden, kam zu einem genau gegensätzlichen Ergebnis. Auf die verbesserte Stimmung nach Coffein-Applikation hatte die Theanin-Gabe keinen Einfluss. Es verlangsamte sogar die Geschwindigkeit der kognitiven Reaktionen der Test-Personen. Theanin senkte den Blutdruck, der zuvor durch die Gabe von Coffein erhöht worden war (Rogers et al. 2008). Die Schlussfolgerung lautet hier, dass Theanin unterschiedliche zentralnervöse Wirkungen aufgrund unterschiedlicher Dosen haben kann.

2 Ziel dieser Arbeit

Es wurde in vielen wissenschaftlichen Publikationen über schwarzen und grünen Tee ausführlich berichtet. Herkunft, Herstellung, Aussehen und die chemische Zusammensetzung wurden beschrieben z.B. in (Finger 1991; Kiehne 1997; Kuhr 1993; Lakenbrink 2000).

Über die Zusammensetzung vom weißen Tee und über seine chemischen Verbindungen wurde nicht viel geforscht oder publiziert. Allerdings findet man einige Literaturdaten über die Wirkungen des weißen Tees (siehe 1.3). Es wurden viele Aussagen über weißen Tee getroffen, wie zum Beispiel:

-Weißer Tee enthält weniger Coffein als grüner Tee.

-Weißer Tee weist höhere Konzentrationen an Antioxidantien, insbesondere Catechinen, als grüner Tee auf.

-Weißer Tee hat eine höhere antimutagene Aktivität im Vergleich zu grünem Tee.

Diese Behauptungen basieren nicht auf wissenschaftlichen Untersuchungen. Deswegen wurde die vorliegende Arbeit durchgeführt, um erste Anzeichen auf mögliche Unterschiede in der chemischen Zusammensetzung von weißem Tee zu bekommen. Dazu sollten weiße, grüne und einige schwarze Blatt-Tees sowie auch Tee-Extrakte im Rahmen dieser Arbeit untersucht und untereinander verglichen werden.

Untersucht werden sollten die Gesamtphenolgehalte sowie die wichtigsten Gruppen von Flavonoiden (Catechine und Flavonolglykoside). Es sollte auch nach einer Mustersubstanz für weißen Tee gesucht werden.

Ebenfalls werden einige weiße und grüne Tees auf die Proanthocyanidine und Strictinin untersucht. Außerdem werden wässrige Tee-Extrakte vom weißen, grünen und schwarzen Tee hergestellt, um den Theaningehalt im Tee bestimmen zu können.

3 Ergebnisse und Diskussion

3.1 Methoden

Die Extraktion ist der erste Schritt, der benötigt wird, um die Phenole bestimmen zu können. Es gibt verschiedene Extrakte der Polyphenole im Tee, z.B. wässrigen, methanolischen, und acetonischen Extrakt. Je nach Art der Extraktion oder Methode unterscheiden sich deutlich die Ergebnisse. Es gibt für Tee nur zwei Methoden, die auf internationaler Basis (ISO) standardisiert sind. Beide Methoden verwenden die gleiche Extraktion: 70% (aq.) methanolischer Extrakt bei 70 °C. Dies ist für die meisten Verbindungen eine ausreichende Extraktion. Außerdem sind die Verbindungen stabiler in 70% Methanol im Vergleich zu Wasser. Andere Arten der Extraktion sind nicht gut geeignet für Polyphenole, z.B. Reflux mit Wasser für ein Stunde ergibt eine Verschlechterung der Ausbeute der Catechine (Kuhr 1993).

Die erste ISO-Methode ist eine Bestimmung der gesamten Phenole durch den Folin-Ciocalteu-Assay (ISO 14502-1 2005). In dieser Methode wird ein Reagenz, das Phospho-Wolframsäure als Oxidantien hat, eingesetzt. Dieses Reagenz reagiert mit einer breiten Palette von Phenol-Verbindungen und setzt durch die Reduzierung von leicht oxidierbaren Phenol-Hydroxy-Gruppen eine blaue Farbe (Wolfram- und Molybdän-Blau) frei, die eine breite maximale Absorption bei 765 nm hat und durch ein Spektralphotometer gemessen werden kann.

Es wurde zwei neue Methoden zur Bestimmung der Gesamtpolyphenole im Tee mittels Nahinfrarot-Reflexions-Spektroskopie (Zhao et al. 2006) und mittels Flurometrie- Spektroskopie auf der Grundlage von Terbium sensibilisierte Fluoreszenz (Manzoori et al. 2008) entwickelt.

Die zweite ISO-Methode ist eine HPLC-Methode für die Bestimmung der Catechine (ISO 14502-2 2005). Früher hat sich die Kalibrierung dieser Methode auf reine Catechine gestützt. Da diese Standards teuer und in vielen Fällen nicht rein genug für die HPLC- Messung sind, stützt sich das ISO-Verfahren auf das Relative Response-Faktor (RRF) Konzept, wobei die Kalibrierung mit Hilfe von Coffein geschieht und mit relativen Response-Faktoren für die einzelnen Catechine.

Es gibt andere nützliche Methoden für die Teeflavonoide mittels HPLC-DAD und HPLC-MS:

- Flavonolglykoside (einige nach Polyamid-Clean-up) (Lakenbrink 2000; Scharbert et al. 2004).
- Proanthocyanidine und Bisflavanole (Engelhardt et al. 2004; Lakenbrink 2000).
- Theaflavine durch HPLC (Lapczynski 2000).
- Chlorogensäuren (Lakenbrink et al. 2000a).
- Photometrische Bestimmung der antioxidativen Aktivität von Polyphenolen durch TEAC.

Für die Bestimmung von Theanin im Tee wurde eine Methode von Engelhardt (2007) in den internationalen Ring-Test aufgenommen.

Alle verwendeten Methoden in dieser Arbeit werden in den nächsten Kapiteln vollständig erklärt.

3.2 Gesamtpolyphenole

3.2.1 Bisherige Untersuchungen

Wissenschaftliche Studien deuten darauf hin, dass grüner sowie schwarzer Tee antikanzerogene, antioxidative, antivirale und antimikrobielle Eigenschaften besitzen (Carlson et al. 2007; Zhao 2006). Die dafür hauptsächlich verantwortlichen Inhaltsstoffe sind die Polyphenole, insbesondere Catechine. Die

Gesamtgehalte an Polyphenolen sind im grünen sowie schwarzen Tee vergleichbar und liegen meist zwischen 10 und 20% (Engelhardt 1999a).

In vielen Studien wurden Grün-, Schwarz- und Oolong-Tee auf ihren Gehalt an Gesamtpolyphenolen als Summenparameter mit Hilfe des spektralphotometrischen Folin-Ciocalteu-Assays bestimmt (Anesini et al. 2008; Engelhardt 1998; Quan et al. 2007). Die Ergebnisse deuten darauf hin, dass grüner Tee den höchsten Gehalt an Gesamtpolyphenolen hat. Es gab allerdings keinen signifikanten Unterschied bei den Gesamtphenolgehalten zwischen den verschiedenen Arten.

Der Anteil der Catechine an den Gesamtpolyphenolen liegt bei grünem Tee meist deutlich über 50%, während dieser Anteil beim Schwarztee nur zwischen 10 und 40% (manchmal auch darunter) liegt (Engelhardt 1999a).

3.2.2 Bestimmung der Gesamtpolyphenole

Insgesamt 87 Teeproben (30 weiße und 34 grüne Tees, 9 weiße und 14 grüne Instant-Teeproben) wurden in dieser Arbeit nach dem beschriebenen Extraktionsverfahren im Abschnitt (5.5) aufgebrüht und der Gesamtpolyphenolgehalt nach Folin-Ciocalteu (ISO 14502-1 2005) photometrisch bestimmt.

Bei diesem Analysen-Verfahren reagiert das Folin-Reagenz mit allen oxidierbaren und nicht oxidierbaren phenolischen Verbindungen im Tee. Als Kalibriersubstanz dient Gallussäure-Monohydrat. Die Ergebnisse werden somit als Gallussäure-Äquivalente angegeben. Andere Standards, z.B. Catechine wie EGCG, können bei Tee auch verwendet werden, diese sind aber im Vergleich mit Gallussäure teurer und weniger stabil.

Es wurden gemäß der Gleichung im Abschnitt (5.4.3) die Standardabweichung und der Variationskoeffizient der verwendeten Folin-Ciocalteu-Methode für Doppelbestimmungen von 87 Teeproben berechnet. Es wurden eine Standardabweichung von 0,12 g/100 g und ein Variationskoeffizient von 0,71% in der Trockenmasse erhalten.

Eine Eichgerade von Gallussäure-Monohydrat (Anhang 2) wurde in einem Konzentrationsbereich zwischen 10 und 50 µg/mL erstellt. Durch diese Eichgerade wurden die Nachweis- und Bestimmungsgrenzen für den Folin-Ciocalteu-Test nach DIN 32645 bestimmt. Die Nachweis- und Bestimmungsgrenzen betrugen jeweils 1,02 mg/kg und 3,83 mg/kg.

3.2.3 Gesamtphenolgehalt im weißen und grünen Tee

Es wurden die oben gennanten Teeproben auf den Gesamtphenolgehalt untersucht (Abschnitt 5.1). Alle quantitativen Daten von den auf Gesamtphenolgehalt untersuchten Blatt- und Instant-Teeproben sind in den Anhängen 5-8 aufgeführt.

Es ist schwierig hier Vergleiche anzustellen, da die Herkunft der Proben unterschiedlich ist. Günstig wäre, wenn man Probenpaare hätte, die zur gleichen Zeit und auf der gleichen Plantage geerntet, dann in der Manufaktur als weißer bzw. grüner Tee behandelt worden wären. Durch diesen Vergleich könnte man den Unterschied, der durch die Manufaktur zustande kommt, besser einschätzen. Leider sind solche Proben faktisch nicht zu bekommen.

Tabelle 1: Gesamtphenolgehalte vom weißen und grünen Tee (Blatt und Instant)

Gesamtphenolgehalt i.Tr. [%]	Weißer Tee		Grüner Tee	
	Blatt	Instant	Blatt	Instant
Mittelwert	22,8	35,1	18,7	34,8
Minimalwert	14,5	20,5	10,6	25,8
Maximalwert	31,7	43,3	23,9	40,7

Tabelle 1 verdeutlicht die Schwankungsbreite vom Gesamtphenolgehalt der zwei Teesorten, angegeben sind jeweils der Minimal-, Maximal- und der Mittelwert. Aus den Mittelwerten ist ersichtlich, dass grüner Tee mit einem Mittelwert von 18,7% einen geringeren Gehalt an Polyphenolen als weißer Tee mit 22,8% aufweist. Bei weißem Tee liegt der Polyphenolgehalt zwischen 14,5% und 31,7% i.Tr. und zeigt damit eine größere Schwankungsbreite als grüner Tee mit 10,6% bis 23,9%.

Polyphenolgehalte weisen im weißen und grünen Instant-Tee ähnliche Werte auf und betrugen jeweils im Durchschnitt 35,1% und 34,8%. Die Werte der untersuchten Teeproben schwanken stark je nach der Sorte, Herkünfte oder Verarbeitung der Tees (Tabelle 2).

Tabelle 2: Mittel-, Minimal- und Maximalwerte der Gesamtphenolgehalte von weißem und grünem Tee aus China und aus Indien

Gesamtphenolgehalt i.Tr. [%]	Aus China		Aus Indien	
	Weißer Tee	Grüner Tee	Weißer Tee	Grüner Tee
Mittelwert	22,4	19,4	25,6	22,1
Minimalwert	15,9	15,5	23,1	21,6
Maximalwert	31,7	23,9	29	23,2

Die Mittel-, Minimal– und Maximalwerte des Gesamtphenolgehaltes vom weißen und grünen Tee aus China und Indien sind in der Tabelle 2 angegeben. Weißtees aus China (n=18) weisen mit einem Mittelwert von 22,4% einen relativen hohen Gehalt an Gesamtphenolen auf und reichen von 15,9% (Tee Nr.3) bis 31,7% (Tee Nr.29). Hingegen enthält grüner Tee aus China mit einem Mittelwert von 19,4% weniger phenolische Verbindungen. Die Werte vom Gesamtphenolgehalt für grünen Tee aus China (n=17) lagen zwischen 15,5% (Tee Nr.40) und 23,9% (Tee Nr.45).

Der Mittelwert des Gesamtphenolgehaltes der untersuchten weißen Teeproben aus Indien betrug 25,6% und damit ist deutlich höher als der der grünen Tees mit 22,1% und übertraf auch die Tees aus China.

Es konnte hierbei keine Aussage getroffen werden, da die Anzahl der untersuchten weißen und grünen Teeproben aus Indien mit jeweils n=5 zu gering war. Weiterhin ist festzustellen, dass Tees aus den verschiedenen Anbaugebieten Indiens (Darjeeling, Assam, Doars, Nilgiris u.a.m.) sowieso große Unterschiede aufweisen.

Wie im Anhang 6 zu sehen ist, enthalten alle untersuchten grünen Teeproben aus Japan (n=7) niedrige Gehalte an Polyphenolen mit einem Mittelwert von 15,14% verglichen mit Teeproben aus China und Indien. Weiße Tees aus Japan standen nicht zur Verfügung.

3.3 Catechine

3.3.1 Bisherige Untersuchungen

Die wichtigsten phenolischen Verbindungen im frischen Teeblatt sind die Flavan-3-ole oder Catechine, wie zum Beispiel (-)-Epicatechin (EC), (-)-Epigallocatechin (EGC), (-)-Epicatechingallat (ECG), (-)-Epigallocatechingallat (EGCG).

Im grünen Tee sind aufgrund der Inaktivierung der Enzyme während der Herstellung die Catechingehalte hoch, während die Catechingehalte im Oolong-Tee zum Teil geringer sind. Im schwarzen Tee sind die Catechingehalte meist sehr gering (Ausnahmen: Darjeeling und Sri Lanka Hochland Tees).

Eine Studie zeigte, dass die verschiedenen Prozesse der Teeherstellung einen wesentlichen Einfluss auf das Polyphenolprofil von schwarzen, grünen, weißen und Oolong Tees haben (Karori et al. 2007). Somit ist der Gesamtcatechingehalt im grünen Tee höher als im Oolong und schwarzen Tee (Engelhardt 1999a; Hilal und Engelhardt 2007; Karori et al. 2007; Matthews 2003; Quan et al. 2007).

3.3.2 Bestimmung der Catechine

Die Teeproben wurden in dieser Arbeit nach dem beschriebenen Extraktionsverfahren im Abschnitt (5.4.3) extrahiert. Die Analyse der Teeextrakte wurde unter der Anwendung der ISO Methode (ISO 14502-2 2005) mittels HPLC (Abschnitt 5.3.2) durchgeführt. Ein Coffein-Standard und die Relativen Response-Faktoren RRF der einzelnen Catechine wurden für die Quantifizierung der Catechine benutzt (Anhang 4).

Der Gesamtgehalt der Catechine, ausgedrückt als Massenanteil in Prozent der Trockenmasse einer Teeprobe wurde durch die Summierung der einzelnen fünf wichtigsten Catechine berechnet: Gesamtgehalt der Catechine% = (EGC%) + (+C%) + (EC%) + (EGCG%) + (ECG%).

Die Catechine wurden durch Vergleich ihrer Retentionszeiten und ihrer individuellen UV-Spektren mit Standards bei 278 nm bestimmt.

Das Ermitteln der Nachweis- und Bestimmungsgrenzen erfolgte durch eine 4-Punkte-Eichreihe von Coffein in einem Konzentrationsbereich zwischen 15,5 und 155,1 mg/L. Die Eichgerade ist in Anhang 3 dargestellt. Nach DIN 32645 wurden die Nachweis- und Bestimmungsgrenzen für diese Methode mit 1,73 mg/kg bzw. 3,46 mg/kg ermittelt. Die Standardabweichungen und Variationskoeffizienten VK lagen zwischen 0,01 und 0,8 g/100g bzw. zwischen 1,32% und 6,79% (siehe Anhang 4).

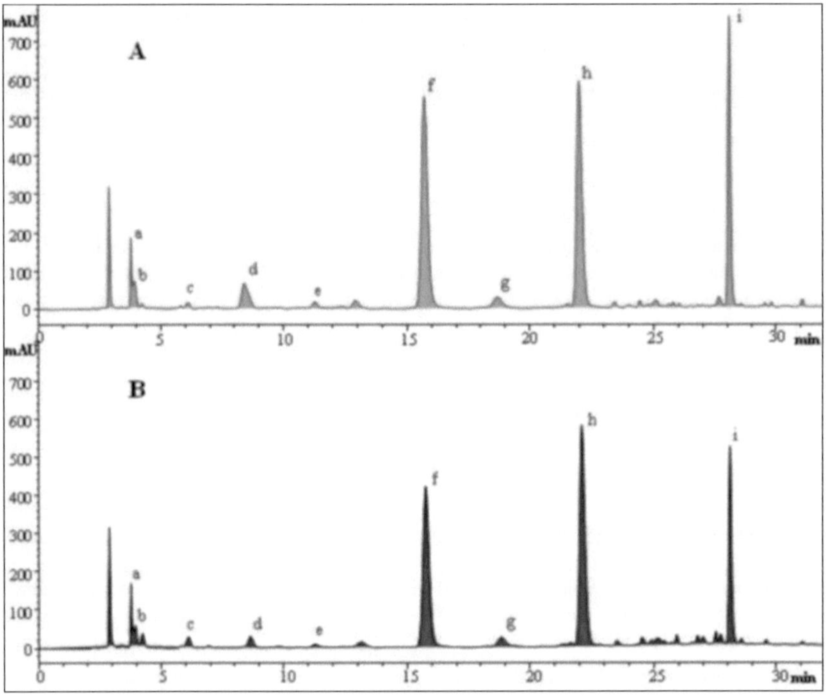

Abbildung 15: HPLC-Trennung von Catechinen, λ=287 nm. A: Downy weißer Tee Nr.27. B: Jasmin grüner Tee Nr.34 (a: TG, b: GA, c: TB, d: EGC, e: $^{+}$C, f: Coffein, g: EC, h: EGCG, i: ECG)

3.3.3 Catechine in weißen und grünen Blatttees

Mit der oben genannten Methode wurden die Flavanolgehalte im Tee bestimmt. Die quantitativen Daten und die Schwankungsbereiten der einzelnen Catechine für weißen und grünen Blatttee sowie auch Instant-Tee bezogen auf die Trockenmasse sind in den Anhängen 5-8 zu finden. Auch bei den im Folgenden genannten Catechingehalten sind die Werte auf die Trockenmasse bezogen.

Abbildung 15 zeigt das HPLC-Chromatogramm einer weißen Teeprobe Nr.27 und einer grünen Teeprobe Nr.34. Die Chromatogramme für weißen und grünen Instant-Tee sind ähnlich wie für weißen und grünen Blatttee.

3.3.3.1 Gesamtgehalt an Catechinen (EC, C, EGC, EGCG, ECG)

Die Summe der bestimmten fünf mengenmäßig wichtigsten Catechine (EC, C, EGC, EGCG, ECG) liegt bei den untersuchten grünen Tees zwischen 6,2% (Tee Nr.38) aus Japan und 18,1% (Tee Nr.55) und beträgt durchschnittlich 12,2%. Die Werte für untersuchte weiße Tees lagen zwischen 5,4% (Tee Nr.3) aus China und 17,8% (Tee Nr.11) aus China und machen im Durchschnitt 12,9% aus (Tabelle 3).

Tabelle 3: Minimal-, Maximal- und Mittelwerte der Catechingehalte im weißen und grünen Tee (Blatt und Instant)

Gesamtcatechingehalt i.Tr. [%]	Weißer Tee		Grüner Tee	
	Blatt	Instant	Blatt	Instant
Mittelwert	12,9	20,3	12,2	23,3
Minimalwert	5,4	7,9	6,2	15,3
Maximalwert	17,8	25,6	18,1	34,6

In Abbildung 16 sind die Mittelwerte der einzelnen Catechine im weißen und grünen Blatt-Tee graphisch dargestellt. Auffällig waren hierbei die hohen EGC-Gehalte in den untersuchten grünen Teeproben. Wie in Tabelle 4 zu sehen ist, enthält grüner Tee im Durchschnitt 2,4% EGC (Schwankungsbreite von 0,7% bis 4,3%). Der EGC-Gehalt im weißen Tee lag zwischen 0,2% und 2,8% (durchschnittlich 1,2%) und war somit deutlich niedriger als im grünen Tee.

Im Gegensatz dazu zeigte weißer Tee einen hohen Anteil an EGCG von 3,1% bis 11,5% (durchschnittlich 7,8%) als grüner Tee (3,1% bis 10,9%, durchschnittlich 6,8%). Ebenso ist der ECG-Gehalt im weißen Tee mit einem Durchschnitt von 2,9% (Schwankungsbereich von 1,3% bis 5,8%) sehr hoch, während er beim grünen Tee durchschnittlich bei 2% liegt.

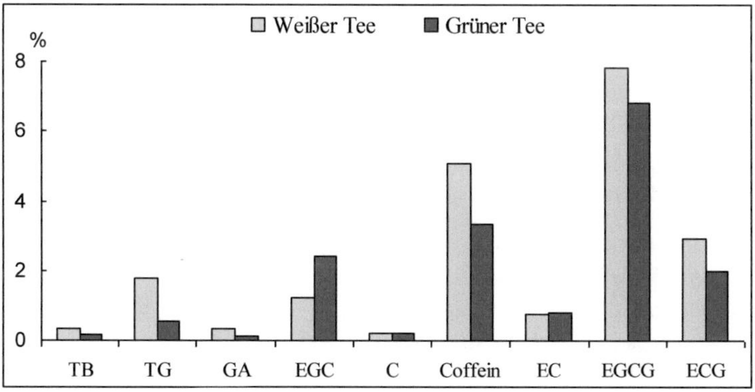

Abbildung 16: Darstellung der Mittelwerte der einzelnen Catechine im weißen und grünen Tee

Die Catechin- und Epicatechin-Gehalte sind im grünen und weißen Tee vergleichbar. Die Catechin-Gehalte im grünen Tee liegen durchschnittlich bei 0,2%, während weißer Tee ebenso einen Gehalt von 0,2% aufweist. Ähnlich ist es mit dem Epicatechin-Gehalt, wobei weißer und grüner Tee durchschnittlich jeweils 0,8% (Tabelle 4) enthalten.

Anhand dieser Ergebnisse zeigen weiße und grüne Tees keinen deutlichen Unterschied in der Gesamtcatechin-Summe. Daher konnte keine Tendenz für eine Differenz zwischen den beiden Tees festgestellt werden.

Tabelle 4: Mittelwerte der einzelnen Catechine in weißen und grünen Blattees

Mittelwerte i.Tr. [%]	TB	TG	GA	EGC	C	Coffein	EC	EGCG	ECG
Weißer Tee	0,3	1,8	0,3	1,2	0,2	5,1	0,8	7,8	2,9
Grüner Tee	0,2	0,6	0,1	2,4	0,2	3,4	0,8	6,8	2,0

3.3.3.2 Coffein, Theobromin, Theogallin und Gallussäure

Coffein und Theobromin

Der Coffein-Gehalt ist im grünen und schwarzen Tee vergleichbar und liegt normalerweise zwischen 2-4% in der Trockenmasse des Tees (Lapczynski 2000; Wada et al. 2000). In der vorliegenden Arbeit wurde der Coffeingehalt bei den untersuchten weißen Tees zwischen 3,6% und 6,2% mit einem durchschnittlichen Wert von 5,1% ermittelt und liegt damit deutlich höher als bei den untersuchten grünen Tees (zwischen 1,6% und 5,9%, im Durchschnitt von 3,4%).

Bei den hier untersuchten Teeproben hat der Weißtee einen höheren Theobromin-Gehalt (TB) als grüner Tee. TB zeigt im weißen Tee einen durchschnittlichen Wert von 0,32% (zwischen 0,03% und 0,8%) und im grünen Tee durchschnittlich 0,18% (zwischen 0,01% und 0,5%).

Theogallin und Gallusäure

Bei der untersuchten Proben waren die Theogallin-Gehalte (TG) der weißen Tees deutlich höher als die der grünnen. TG wurde mit einem Gehalt von durchschnittlich 1,8% bei einer Spanne von 0,4% bis 3,4% in Weißtees bestimmt. Im Grüntee liegt ein durchschnittlicher TG-Gehalt von 0,6% bei einer Spanne von 0,04% bis 2,4% vor.

Der Gallussäure-Gehalt (GA) in weißen Tees liegt zwischen 0,1% und 1,7%, im Durchschnitt bei 0,34%. In Grüntees ist er mit durchschnittlich 0,14% mit einer Schwankung zwischen 0,01% und 0,6% niedriger als in den Weißtees. Nach Cabrera et al. (2003) enthielt grüner Tee weniger Gallussäure als schwarzer Tee. Genauso deuten die in der Tabelle 4 dargestellten Ergebnisse darauf hin, dass weißer Tee mehr GA enthält als grüner Tee.

3.3.3.3 Herkunftsunterschiede

Um einen Überblick über die Zusammensetzung der Tees aus unterschiedlichen Regionen zu erhalten, ist es zunächst notwendig, die Herkunft abzusichern (Engelhardt 2007). In dieser Arbeit wurde ein experimenteller Vergleich zwischen den Tees in Bezug auf ihre Herkunft und auf der Grundlage der Ergebnisse der Catechine angestellt. Es ist zu berücksichtigen, dass weiße Teeproben aus Japan im Rahmen dieser Arbeit zur Untersuchung nicht verfügbar waren.

Abbildungen 17 und 18 verdeutlichen die Mittelwerte den einzelnen Catechine in weißen und grünen Tees aus China, Indien und Japan. Anhand dieser Abbildungen ist zu sehen, dass grüne Tees aus Japan sich von allen übrigen Sorten durch ihre niedrigen Catechin-Gehalte von 8,8% unterscheiden mit Ausnahme des EGC-Gehaltes (2,4%). Die TB-, GA- und Coffein-Gehalte in grünem Tee aus Japan betrugen jeweils 0,06 – 0,08 und 2,32% und sind damit niedriger als bei anderen Teesorten.

Weiße und grüne Tees aus Indien enthalten jeweils 14,4% und 16,1% Catechin-Gehalte und weisen relativ mehr Catechine als weiße und grüne Tees aus China mit jeweils 13,1% und 12,3% auf. Demzufolge weisen Tees aus China und Indien keinen signifikanten Unterschied auf.

Über den Absolutgehalt der Summe der Catechine konnten die hier untersuchten Proben hinsichtlich ihrer Herkunft nicht eindeutig unterschieden werden. Eine statistische Auswertung der Herkunftsunterscheidung würde ein wesentlich vielfältigeres größeres Probenkontingent voraussetzen.

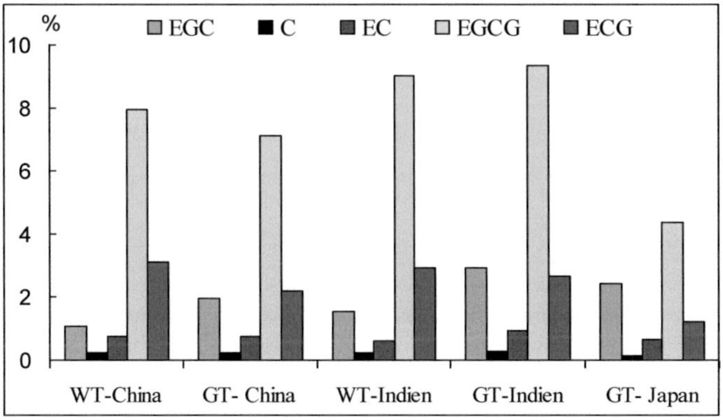

Abbildung 17: Mittelwerte der Catechine im weißen und grünen Tee aus China, Indien und Japan

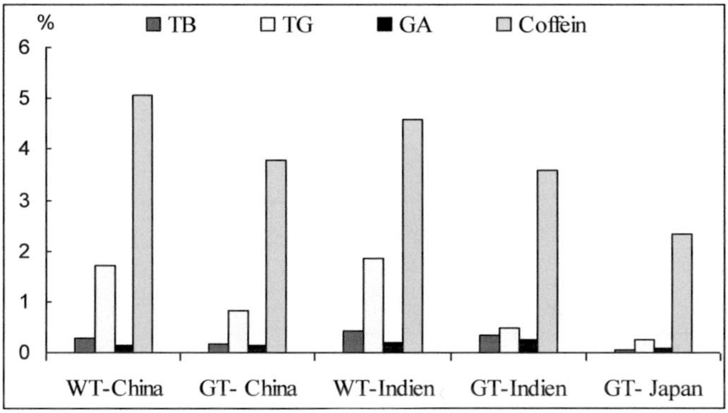

Abbildung 18: Mittelwerte der TB-, TG-, GA- und Coffeingehalte im weißen und grünen Tee aus China, Indien und Japan

Anhand der oben genannten Ergebnisse könnte ein Catechin-Profil für weißen Tee erstellt werden. Die Theobromin-, Gallussäure-, Epicatechin- und Catechin-Gehalte sind im weißen und grünen Tee gleich. Hingegen sind die Theogallin-, Coffein-, Epicatechingallat- und Epigallocatechingallat-Gehalte im weißen Tee höher als beim grünen Tee. Für dieses Profil waren die Epigallocatechin-Gehalte besonders wichtig, da die untersuchten grünen Teeproben mehr davon enthalten als weißer Tee.

In einer Studie (Rusak et al. 2008) wurden die einzelnen Catechin-Gehalte und die Gesamtpolyphenolgehalte im grünen und weißen Tee jeweils (n=6) untersucht. Diese Studie zeigt im Gegensatz zu den hier vorliegenden Ergebnissen, dass die Polyphenolgehalte und die einzelnen Catechin-Gehalte bzw. die Summe der Catechine im grünen Tee höher als im weißen Tee sind.

3.3.4 Catechine in weißen und grünen Instant-Tees

Die Ergebnisse vom Instant-Tee zeigen, dass die Gehalte an Flavanoiden bei den untersuchten grünen Instant-Tees zwischen 15,3% bis 34,6% (Durchschnitt 23,3%) liegen. Somit enthält weißer Instant-Tee mit

Werten zwischen 7,9% bis 25,6% (Durchschnitt 20,3%) weniger Catechine als grüner Instant-Tee. Tabelle 5 zeigt die Mittelwerte der einzelnen Catechine in weißen und grünen Instant-Tees.

Wie in Abbildung 19 zu sehen ist, zeigen Instant-Tees gegen über Blatttees ein anderes Profil. Die TB, TG und GA sind im weißen und grünen Instant-Tee vergleichbar. Eine Ausnahme war der Coffein-Gehalt, der im weißen Instant-Tee 7,1% betrug und damit den von grünem Instant-Tee mit 5,2% übertraf.

Tabelle 5: Mittelwerte der einzelnen Catechine in weißen und grünen Instant-Tees

Mittelwerte i.Tr. [%]	TB	TG	GA	EGC	C	Coffein	EC	EGCG	ECG
WT-Instant	0,3	1,5	0,3	5,4	0,6	7,1	2,9	7,7	3,7
GT-Instant	0,3	1,7	0,2	6,6	0,4	5,2	2,3	8,5	5,5

Die C- und EC-Gehalte sind in beiden Instant-Tees ungefähr gleich. Anderseits liegen die EGC-, EGCG- und ECG-Gehalte in grünen Instant-Tees höher als den weißen. Allerdings sind die Gehalte an EGCG und ECG im grünen Blatt-Tee niedriger. Der Grund hierfür liegt möglicherweise im unterschiedlichen Herstellungsverfahren der Instant-Tees.

Die Anzahl der in dieser Arbeit untersuchten Instant-Tees ist zu gering, um einen Überblick zu bekommen. Um einen prinzipiellen Unterschied nachweisen zu können, müssten viel mehr Proben analysiert werden.

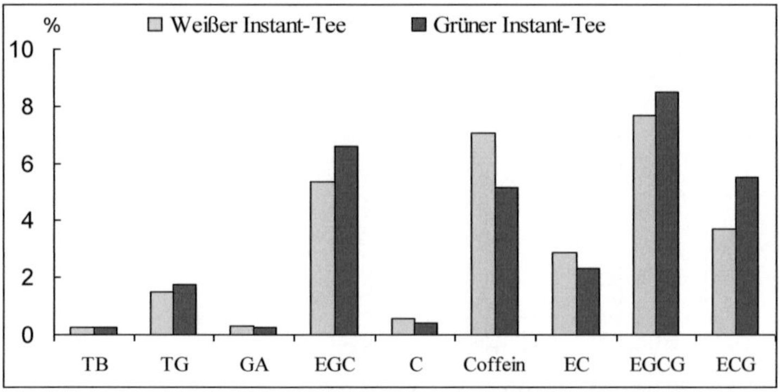

Abbildung 19: Darstellung der Mittelwerte der einzelnen Catechine im weißen und grünen Instant-Tee

3.3.5 Verhältnis Gesamtcatechine zu Gesamtpolyphenolen

Zahlreiche Veröffentlichungen befassten sich mit der Zusammensetzung vom schwarzen und grünen Tee (Cabrera et al. 2003; Engelhardt 1999a; Karori et al. 2007; Lin et al. 1998). Der Unterschied in der Zusammensetzung der beiden Teesorten besteht wesentlich in den Veränderungen der Polyphenolfraktion während der Fermentation. Es wurde festgestellt, dass ein möglicher Unterschied zwischen den Teesorten anhand der Catechin-Daten nicht einfach festzustellen ist. Die Fermentation verringert den Gehalt der Catechine auf Kosten der Theaflavine und Thearubigine, daher weist schwarzer Tee weniger Catechine als grüner und weißer Tee auf. Ausnahmen sind die Tees aus Darejeling, die genauso hohe Gesamtcatechingehalte wie grüne Tees haben können (Hilal und Engelhardt 2007). Die Theaflavingehalte der Darjeeling-Tees sind vergleichsweise niedrig.

Eine sichere Abgrenzung von grünen und schwarzen Tees gelingt nicht allein über die Catechin-Gehalte oder Polyphenolgehalte. Eine weitere Möglichkeit ist die Berechnung des Anteils der Catechine an den Gesamtpolyphenolen. Hierfür wird der Anteil der Catechine (Summe der fünf wichtigsten Catechine: EGC, C, EC, EGCG und ECG) am Gesamtpolyphenolgehalt des Tees herangezogen. Eine Arbeitshypothese der

ISO-Arbeitsgruppe war, dass dieses Verhältnis bei schwarzen Tee kleiner als 0,5 und für grünen Tee größer sein soll (Engelhardt 1999b). In dieser Arbeit wurde die Ratio für alle untersuchten Tees berechnet und die Ergebnisse finden sich in den Anhängen 5-8.

Abbildung 20 stellt die Minimal- und Maximalwerte sowie auch die Mittelwerte der Ratio vom weißen und grünen Tee dar. Grüner Tee hat einen Schwankungsbereich von 0,46 bis 0,97 (im Durchschnitt von 0,64), wobei weißer Tee eine weite Spanne von 0,34 bis 0,93 (im Durchschnitt von 0,57) hat.

Beide weiße Tees Nr.3 und Nr.6 mit dem niedrigsten und dem höchsten Ratio-Wert kommen aus China. Der grüne Tee Nr.48 mit dem niedrigsten Wert 0,46 kommt aus Japan und der Nr.81 mit dem höchsten Wert 0,97 kommt aus China.

Wie in der Abbildung 20 zu erkennen ist, reichen die Ratio-Werte des weißen Instant-Tees von 0,39 bis 0,67 (Durchschnitt von 0,57), wobei grüner Instant-Tee eine Ratio-Spanne von 0,47 bis 0,83 zeigt (Durchschnitt von 0,66).

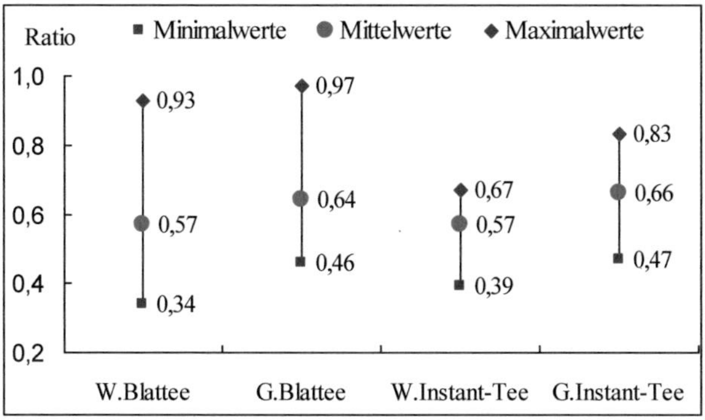

Abbildung 20: Minimal-, Maximal- und Mittelwerte der Ratio von weißem und grünem Instant- und Blatttee

Abbildung 21 stellt die Minimal-, Maximal- und Mittelwerte der Ratio der Tees anhand ihrer Herkunft dar. Der weiße Tee aus China zeigt eine weite Ratio-Spanne von 0,34 bis 0,93 im Vergleich mit dem aus Indien, der zwischen 0,50 und 0,59 schwankt.

Der grüne Tee aus Japan zeigt eine kleinere Ratio als der aus Indien, wobei die Ratio von grünem Tee aus China teilweise mit der des Tees aus Japan und Indien zusammenfällt (Abbildung 21).

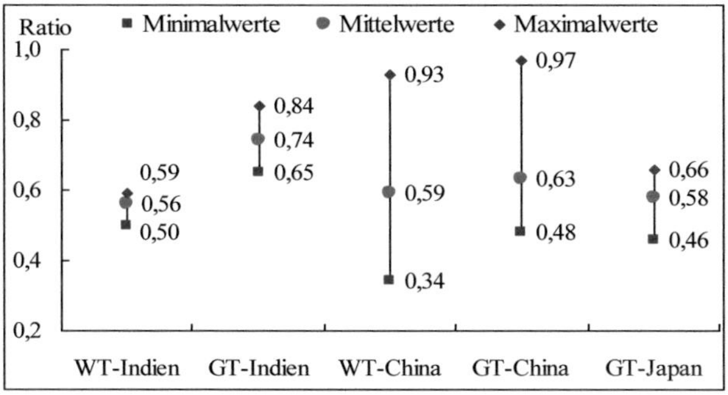

Abbildung 21: Minimal-, Maximal- und Mittelwerte der Ratio von weißem und grünem Tee aus China, Indien und Japan

Bezüglich der oben genannten Ratio konnte weißer Tee weder zu schwarzen noch grünen Tees gezählt werden. Daher wurde im Rahmen dieser Arbeit durch verschiedene Verhältnisse von Alkaloiden und

Catechinen der Tees eine möglicherweise neue Ratio für die Abgrenzung vom weißen und grünen Tee begutachtet.

Zu diesem Zweck wurden TG/Coffein-, TG/GA-, Coffein/EGC- und EGCG/EGC-Verhältnisse berechnet. Es ergaben sich keine signifikante Unterschiede. Hingegen könnte das EGCG/EGC-Verhältnis bei der Bestimmung der Differenz zwischen den Teearten nach Anbaugebiet hilfreich sein. Z.B. ist für weißen Tee aus China das EGCG/EGC-Verhältnis größer als 4 mit einer Ausnahme vom Tee Nr.29 und für grünen Tee aus China ist es weniger als 4 mit Ausnahme von Tees Nr.31, 32 und 52.

3.4 Proanthocyanidine und Strictinin

3.4.1 Bisherige Untersuchungen

Proanthocyanidine kommen weit verbreitet im Pflanzenreich vor. Sensorisch tragen sie wesentlich zum bitteren und adstingierenden Geschmack in Früchten, Gemüse und Getränken (z.B. Tee und Wein) bei (Gawlik und Czajka 2007; Vidal et al. 2004). Daten über die Proanthocyanidingehalte des Tees gibt es bis heute relativ wenig. Zum einen fehlen Standardverbindungen, zum anderen gibt es keine verbindlichen Standardanalysenmethoden für Proanthocyanidine. Die Strukturaufklärung und Analytik von Proanthocyanidinen sind nicht ganz einfach durchzuführen. Aufgrund der Monomereinheiten sind die UV-Spektren der Proanthocyanidine weitgehend den Catechin-Spektren ähnlich. Ihre Gehalte werden deshalb oft als Catechinäquivalente angegeben.

Für die Summenbestimmung von Proanthocyanidinen gibt es zwei kolorimetrische Methoden:

- Die Vanillin-Methode (V-HCL) wird häufig als eine schnelle einfache quantitative Messung der Proanthocyanidine benutzt. Die Auswertung in Pflanzenmaterialien erfolgt mittels eines externen Catechin-Standards oder isolierter Proanthocyanidine (Mitsunaga et al. 1998).
- Die Bate-Smith-Methode basiert auf der oxidativen Depolymerisierung von Proanthocyanidinen in einer sauren warmen Umgebung und basiert auf der Bildung von Anthocyanen (rot), die bei 550 nm absorbieren. Als Referenz werden die Proanthocyanidine isoliert (Bate-Smith 1977).

Anhand dieser Methoden werden keinerlei Informationen über die einzelnen Komponenten der Proanthocyanidinfraktionen erhalten.

Gegenwärtig ist die Anwendung von HPLC-Methoden insbesondere für die Quantifizierung von Proanthocyanidinen in den verschiedenen Lebensmitteln weit verbreitet (Hong et al. 2004; Kiehne et al. 1997; Zimmermann und Galensa 2006).

In den Vergangenheit gab es bereits Studien über Proanthocyanidine in frischen sowie auch in fermentierten und halbfermentierten Teeblättern (Hashimoto et al. 1987; Hashimoto et al. 1992; Nonaka et al. 1986; Nonaka et al. 1983). Es konnte zahlreiche Proanthocyanidine aus dem Tee isoliert und identifiziert werden (Kiehne 1997; Lakenbrink 2000).

Tabelle 6: Proanthocyanidin- und Bisflavanolgehalte im grünen und schwarzen Tee (Lakenbrink 2000)

	Grüntees		Schwarztees	
g/100g	min-max	Mittelwerte	min-max	Mittelwerte
Proanthocyanidine	0,13-1,89	0,84	0,10-0,98	0,50
Bisflavanole	0,01-0,11	0,05	0,33-0,81	0,65
Summe	-	0,90	-	1,15
Anteil der Bisflavanole%	0,9-12,7	5,9	40,2-77,1	59,7

Tabelle 6 gibt einen Überblick über den Gehalt der Proanthocyanidine und Bisflavanole in grünen und schwarzen Tees. Das Verhältnis von Proanthocyanidinen und Bisflavanolen könnte ein analytisches

Kriterium für die Unterscheidung zwischen grünen und schwarzen Teeproben darstellen. Die Gehalte an Proanthocyanidinen sind im grünen Tee höher als im schwarzen Tee. Es wurde im schwarzen Tee der Anteil der Bisflavanole an der Summe der beiden Gruppen um 60% ermittelt, wobei im grünen Tee dieser Anteil unter 10% gefunden wurde. Das bestätigt, dass sich der Gehalt der Proanthocyanidine während der Fermentation sich verringert, während der Gehalt an Bisflavanolen erhöht (Engelhardt et al. 2004).

3.4.2 Bestimmung der Proanthocyanidine

Eine Auswahl von zehn Teeproben wurde mit der in Abschnitt (5.7) beschriebenen Methode und des in Abschnitt (5.3.7.i) beschriebenen Fließmittels mittels HPLC und ESI-MS auf Proanthocyanidine untersucht.

Es handelt sich dabei um fünf Weißtees (Nr.14, 16, 17, 18 und 29) und fünf Grüntees (Nr. 42, 47, 48, 53 und 54) verschiedener Provenienzen (siehe Abschnitt 5.1.1).

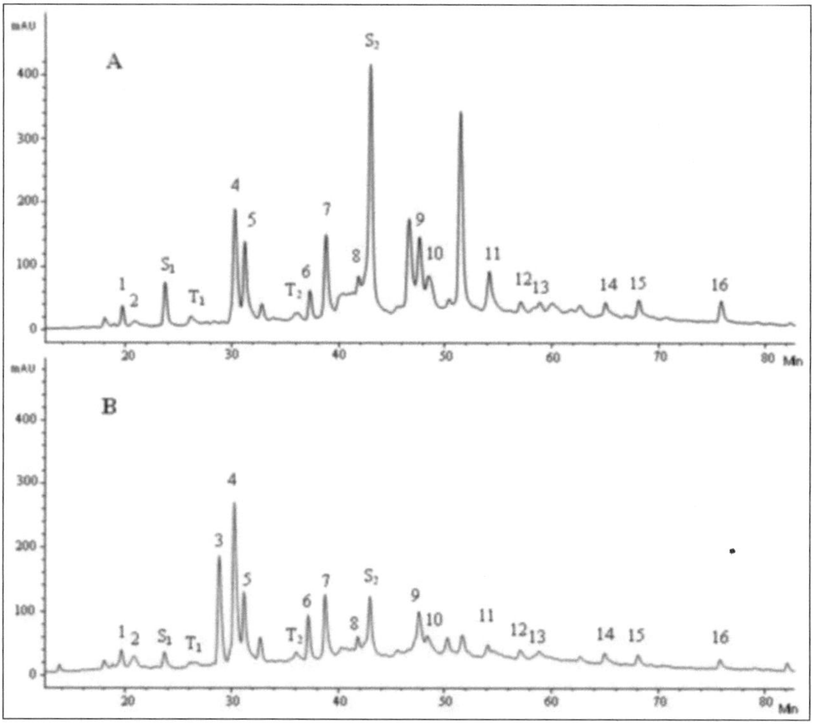

Abbildung 22: HPLC-Trennungen von Proanthocyanidinen aus A: weißem Pai Mu Dan Tee (Nr.16) und B: grünem Darjeeling Tee (Nr.47). 1: EGC-EGCG, 2: EGC-EGCG, 3: EC-EGCG, 4: EGC-ECG, 5: EGCG-EGCG, 6: EC-ECG, 7: EGCG-ECG, 8: ECG-EGCG, 9: ECG-ECG, 10: EAG-EGCG, 11: EAG-ECG, 12: ECG-EGCG, 13: EGCG-ECG, 14: EAG-EGCG, 15: ECG-ECG, 16: EAG-ECG, T_1, T_2: EC-Trimere, S_1, S_2: Strictinin

Die quantitativen Daten der einzelnen Proanthocyanidine sind in mg/kg in Bezug auf die Trockenmasse der Tees unter Verwendung von einem Catechin-Standard berechnet und sind im Anhang 10 aufgeführt.

Die Proanthocyanidine können infolge der unterschiedlichen Monomer-Einheiten trotz identischer molarer Massen leicht voneinander abgegrenzt werden (Kiehne 1997; Kiehne et al. 1997). In Abbildung 22 sind zwei HPLC-Trennungen von Proanthocyanidinen aus weißem Tee (Nr.16) und grünem Tee (Nr.47) nach einer Polyamid-Säulenchromatographie abgebildet. Die Peaks wurden gemäß den massenspektrometrischen Daten im negativen Modus zugeordnet. Die entsprechenden molaren Massen und ihre Fragmentierungen bzw. ihre Ober- und Untereinheiten sind in der Tabelle 7 aufgeführt.

Weiterhin konnte die Identität der Proanthocyanidine mittels HPLC bestätigt werden, indem die Retentionszeiten sowie die Reihenfolge der Eluenten untereinander verglichen wurden (Lakenbrink 2000).

Tabelle 7: Molare Masse, Ober- und Untereinheiten der Proanthocyanidine (Peak-Bezeichnung gemäß Abbildung 22)

Peak Nr.	$[M-H]^-$	Fragmente MS^2	Proanthocyanidine
1	761	305-457	EGC-EGCG
2	761	305-457	EGC-EGCG
T_1	865	289-289	EC-Trimer
3	745	289-457	EC-EGCG
4	745	305-441	EGC-ECG
5	913	457-457	EGCG-EGCG
T_2	865	289-289	EC-Trimer
6	729	289-441	EC-ECG
7	897	457-441	EGCG-ECG
8	897	441-457	ECG-EGCG
9	881	441-441	ECG-ECG
10	881	425-457	EAG-EGCG
11	865	425-441	EAG-ECG
12	887	441-457	ECG-EGCG
13	887	457-441	EGCG-ECG
14	881	425-457	EAG-EGCG
15	881	441-441	ECG-ECG
16	865	425-441	EAG-ECG

3.4.3 Methodenentwicklung zur quantitativen Bestimmung von Proanthocyanidinen im Tee

3.4.3.1 Motivation

Die quantitative Bestimmung von Proanthocyanidinen setzte bis jetzt ihre Isolierung aus der Teematrix voraus, weil die Standardmaterialien für Proanthocyanidine kommerziell nicht erhältlich sind.

Zimmermann und Galensa (2006) nutzten zur Kalibrierung der Proanthocyanidine die Catechin-Monomere. Sie setzten voraus, dass die molare Absorption eines Dimerprocyanidins doppelt so hoch ist wie die von Catechin, für ein Trimer ist es dreimal höher. Die Variation der Absorption durch die Verbindung zwischen den Monomeren ist gering (vor allem im Falle der einheitlichen Monomeren wie EC-EC und EC-EC-EC) und wird vernachlässigt.

Dies gilt allerdings nur für Proanthocyanidine, die aus Catechin-Monomereinheiten ohne Gallocatechin bestehen, da die Substitution am B-Ring (siehe Abbildung 6) einen deutlichen Einfluss auf die Absorption hat, wie z.B. Epicatechingallat und Epigallocatechin oder Epigallocatechingallat (Zimmermann und Galensa 2006).

Deswegen wurde in dieser Arbeit ein neuer Faktor unter Verwendung von Coffein bzw. Catechin als Standard berechnet, um die einzelnen Proanthocyanidine im Tee quantitativ bestimmen zu können.

Da die Proanthocyanidine aus Flavan-3-ol Bausteinen aufgebaut sind, konnten neue individuelle Faktoren für jedes einzelne Proanthocyanidin unter Berücksichtigung der Relativen Response-Faktoren RRF (Anhang 4) berechnet werden. Es wurden Catechin und Coffein als externe Standards zur Quantifizierung der Proanthocyanidine getestet.

3.4.3.2 Kalibrierung gegen einen Coffein-Standard

Die Coffein-Standard-Substanz wurde in einem Konzentrationsbereich von 0,21 bis 56,2 mg/L eingesetzt. Die Nachweis- und Bestimmungsgrenzen wurden auch nach DIN 32645 bestimmt. Die Nachweisgrenze betrug 0,101 mg/kg und die Bestimmungsgrenze 0,392 mg/kg. Die Eichgerade für den Coffein-Standard ist im Anhang 3 dargestellt.

Die Relativen Response-Faktoren gegenüber Coffein für Proanthocyanidine (RRF-Coffein) wurden als die Summe der Relativen Response-Faktoren der einzelnen Bausteine der Proanthocyanidine berechnet. Zum Beispiel für EC-Trimere wurde das RRF-Coffein wie folgt kalkuliert:

$$\text{RRF-Coffein}_{\text{EC-EC-EC}} = \text{RRF}_{\text{EC}} + \text{RRF}_{\text{EC}} + \text{RRF}_{\text{EC}}$$

und für ECG-EGCG und EGCG-ECG wie folgt:

$$\text{RRF-Coffein}_{\text{ECG-EGCG}} = \text{KF-Coffein}_{\text{EGCG-ECG}} = \text{RRF}_{\text{ECG}} + \text{RRF}_{\text{EGCG}}$$

Ebenso wurden die RRF-Coffein für alle Proanthocyanidine ausgerechnet und in der Tabelle 8 aufgelistet.

Tabelle 8: Die individuellen RRF gegen Coffein- und Catechin-Standard für Proanthocyanidine

Proanthocyanidine	RRF-Coffein	RRF-Catechin
EC-EC-EC	11,01	3,04
EC-ECG	5,09	1,40
EGC-EGCG/EGCG-EGC	12,96	3,58
EC-EGCG	5,39	1,49
EGC-ECG	12,66	3,49
EGCG-EGCG	3,44	0,95
ECG-ECG	2,84	0,78
ECG-EGCG/EGCG-ECG	3,14	0,87
EGC-EGC	22,48	6,20
EAG-EGCG	3,14	0,87
EAG-ECG	2,84	0,78

3.4.3.3 Kalibrierung gegen einen Catechin-Standard

Catechin wurde als Standard-Substanz in einem Konzentrationsbereich zwischen 13,2 und 265 mg/L eingesetzt und eine Eichgerade wurde erstellt (Anhang 9). Durch diese Eichgerade wurden die Nachweis- und Bestimmungsgrenzen für die verwendete Proanthocyanidin-Methode nach DIN 32645 bestimmt. Die Nachweis- und Bestimmungsgrenzen betrugen jeweils 2,68 mg/kg und 11,43 mg/kg.

Die Summe der Relativen Response-Faktoren der einzelnen Bausteine der Proanthocyanidine wurde durch die Mittelwerte von RRF_{EC} und RRF_{C} geteilt. Daraus ergeben sich die Relativen Response-Faktoren gegenüber Catechin (RRF-Catechin) für Proanthocyanidine. Beispielhaft wurde $\text{RRF-Catechin}_{\text{ECG-EGCG}}$ wie folgt kalkuliert:

$$\text{RRF-Catechin}_{\text{ECG-EGCG}} = \text{RRF-Catechin}_{\text{EGCG-ECG}} = (\text{RRF}_{\text{ECG}} + \text{RRF}_{\text{EGCG}})/M$$

Wobei $M = (\text{RRF}_{\text{EC}} + \text{RRF}_{\text{C}})/2$ ist.

Ebenso wurden die Relativen Response-Faktoren gegen Catechin für alle Proanthocyanidine berechnet und die Werte in Tabelle 8 angegeben.

Epiafzelechingallat und Epicatechingallat haben ähnliche Strukturen (siehe Abbildung 9), wobei Epiafzelechingallat eine hydroxylierte OH-Gruppe am B-Ring in Position R_3 besitzt. Außerdem ist für Epiafzelechingallat kein RRF nach (ISO 14502-2) angegeben. Überdies stehen weder Epiafzelechin noch Epiafzelechingallat als Referenzsubstanzen zur Verfügung. Deshalb wurde der Proanthocyanidingehalt über die Catechinoligomere bestimmt (Zimmermann und Galensa 2006).

In dieser Arbeit wurde für die Berechnung des Relativen Response-Faktors für die Proanthocyanidine, die einen Epiafzelechingallat als Baustein haben, der Relative Response-Faktor für Epicatechingallat RRF_{ECG} benutzt. Dies führt zu einem Fehler, der aber auf Grund der Ergebnisse (siehe Anhang 10) und im Vergleich mit den Ergebnissen von Lakenbrink (2000) relativ gering sein sollte.

3.4.3.4 Vergleich der Ergebnisse nach beiden Kalibrierkonzeptionen

Als Referenz wurde in dieser Arbeit versucht, mehrere aus dem Tee isolierte Proanthocyanidine wie z.B. (ECG-EGCG, EC-EGCG, EGCG-EGCG und EGC-ECG) (Lakenbrink 2000) als Standard einzusetzen, um die quantitativen Bestimmungen der Proanthocyanidine mittels HPLC zu ermitteln. Die verfügbaren Proanthocyanidin-Standards konnten für die Quantifizierung wegen ihrer geringen Reinheit (weniger als 90%) nicht verwendet werden. Demzufolge konnte die Abweichung der Ergebnisse vom Coffein-, Catechin- und Proanthocyanidin-Standard nicht berechnet werden.

Coffein ist ein preiswertes und verfügbares Standardmaterial, andererseits weichen seine Retentionszeit von 10 min und seine chemische Struktur von Proanthocyanidinen ab. Hingegen besitzt Catechin eine den Proanthocyanidinen ähnliche chemische Struktur, es ist relativ stabil und eluiert zu einer späteren Retentionszeit, die besser zu der Retentionszeit der Proanthocyanidine passt. Aus diesen Gründen wurden in dieser Arbeit die Proanthocyanidine unter Verwendung des Catechin-Standards mittels HPLC und unter Berücksichtigung der RRF-Catechin in den ausgewählten Teeproben ermittelt. Die Ergebnisse der untersuchten Teeproben sind im Anhang 10 aufgeführt.

Zur Bestimmung der Reproduzierbarkeit der Methode wurden die Daten der untersuchten Teeproben eingesetzt. Aus 10 Doppelbestimmungen wurden mit den in Abschnitt 5.4.3 aufgeführten Formeln die Standardabweichungen und Variationskoeffizienten für Proanthocyanidine berechnet. Die Standardabweichung lag zwischen 4,02 und 29,82 mg/kg i.Tr. und der Variationskoeffizient lag zwischen 0,87 und 8,27%. Die einzelnen Ergebnisse sind im Anhang 11 gelistet. Demgemäß werden die neuen berechneten Korrekturfaktoren für die quantitative Bestimmung von Proanthocyanidinen mittels HPLC als geeignete alternative Methode angesehen.

Weiterhin wurden die Gehalte der Proanthocyanidine anhand des RRF-Coffeins berechnet. Allerdings weichen die Ergebnisse des RRF-Coffeins mehr als die Ergebnisse der RRF-Catechin von der Literatur ab.

3.4.4 Proanthocyanidine im weißen und grünen Tee

Aus den im Anhang 10 gelisteten Ergebnissen konnte ein Überblick über die Proanthocyanidingehalte im weißen und grünen Tee erhalten werden. Abbildung 23 stellt die Mittelwerte der einzelnen Proanthocyanidingehalte in den untersuchten weißen und grünen Tees dar. Es ist ersichtlich, dass weißer Tee mit 10618 mg/kg ungefähr 26% mehr Proanthocyanidine als grüner Tee (7885 mg/kg) enthält.

Bei grünem Tee liegt der Proanthocyanidingehalt zwischen 3499 und 12184 mg/kg und zeigt damit eine größere Schwankungsbreite als weißer Tee von 7811 bis 13495 mg/kg. Trotz der gleichen Herkunft enthalten Teeproben unterschiedliche Proanthocyanidingehalte (siehe Anhang 10).

Anhand der Anzahl der untersuchten weißen und grünen Teeproben für jeweils n=5 konnte keine Bewertung über die Gehalte der Proanthocyanidine im weißen und grünen Tee gegeben werden. Eine quantitative Bestimmung der Proanthocyanidine in großer Zahl und in verschiedenen weißen und grünen Teeproben ist hierfür erforderlich

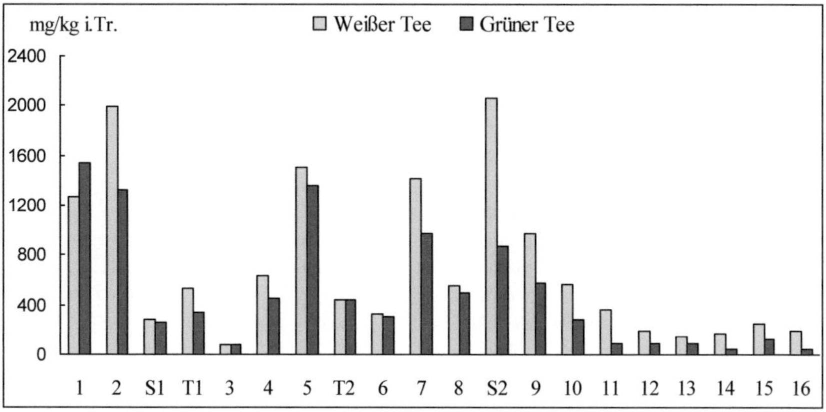

Abbildung 23: Proanthocyanidine im weißen Tee und grünen Tee (mg/kg i.Tr.) 1: EGC-EGCG, 2: EGC-EGCG, 3: EC-EGCG, 4: EGC-ECG, 5: EGCG-EGCG, 6: EC-ECG, 7: EGCG-ECG, 8: ECG-EGCG, 9: ECG-ECG, 10: EAG-EGCG, 11: EAG-ECG, 12: ECG-EGCG, 13: EGCG-ECG, 14: EAG-EGCG, 15: ECG-ECG, 16: EAG-ECG, T_1, T_2: EC-Trimere, S_1, S_2: Strictinin

3.4.5 Bestimmung von Strictinin

Zehn Teeproben (Abschnitt 3.4.2) wurden auf Strictinin untersucht. Ein Strictinin-Standard wurde im Bereich von 15,3 bis 128,7 mg/L für die quantitative Bestimmung von Strictinin eingesetzt. Die Eichgerade ist im Anhang 12 zu sehen. Es wurden hier auch die Nachweis- und Bestimmungsgrenzen nach DIN 32645 bestimmt und sie ergaben jeweils 3,9 mg/kg und 15,2 mg/kg. Die Standardabweichung und der Variationskoeffizient sind im Anhang 11 gezeigt.

3.4.6 Strictinin im weißen und grünen Tee

Weiterhin wurde auch der Gehalt von hydrolysierbarem Tannin in den vorher genannten weißen und grünen Teeproben (3.3.2) ermittelt. Dabei wurde festgestellt, dass Weißtee doppelt so viel Strictinin als Grüntee enthält (siehe Anhang 10).

Bei weißem Tee liegt der Strictiningehalt im Durchschnitt bei 2349 mg/kg i.Tr., wobei Grüntee im Durchschnitt 1138 mg/kg i.Tr. Strictinin aufweist. Nach einigen Studien beträgt der Strictiningehalt in grünem und schwarzem Tee durchschnittlich 0,43% bzw. 0,78% i.Tr. (Mizukami et al. 2007; Yagi et al. 2009).

3.4.7 Physiologische Wirkung von Strictinin

Es wurde berichtet, dass Strictinin starke Wirkungen auf die Hemmung der Produktion von Immunglobulin E in menschlichen β-Zellen hat, das Haarwachstum fördert, eine antiallergene (Tachibaba et al. 2003; Tachibana et al. 2001) sowie immunstimulierende Aktivität (Monobe et al. 2008) besitzt. Eine Studie zeigt, dass Strictinin ein wirksames Antioxidans gegen Peroxidation von LDL (low-density lipoprotein) und Hämolyse von menschlichen roten Blutkörperchen RBC ist (Zhou et al. 2004). Es ist bemerkenswert, dass Strictinin durch seine antioxidativen Effekte die Linolsäure-Peroxidation in Mizellen hemmt bzw. die Geschwindigkeit der Sauerstoffaufnahme in Mizellen verringert (Zhou et al. 2004).

3.5 Theanin

3.5.1 Bisherige Untersuchungen

L-Theanin ist eine Aminosäure, die nur in der Tee-Pflanze und einer Pilzart (*Xerocomus badius*) sowie bestimmten Arten der Gattung *Camellia, C. japonica* und *C. sasanqua* vorkommt (Juneja et al. 1999) und für einen leicht süßlichen Geschmack sorgt. L-Theanin (siehe Abbildung 14) ist eine nichtproteinogene Aminosäure. Es liegt im Tee frei vor und ist mit einem Anteil von ca. 50% der freien Aminosäuren die vorherrschende Aminosäure im Tee (Feldheim 2001). Das Vorkommen von Theanin in Teeblättern wurde im Jahr 1949 entdeckt und seine chemische Struktur als Ethylamino-L-Glutaminsäure bestimmt (Sakato 1950). Nach Alcazar et al. (2007) ist der durchschnittliche Anteil an Aminosäuren im weißen Tee verglichen mit anderen Teesorten am höchsten. Dies gilt auch für den Theaningehalt, der im weißen Tee 0,53 bis 3,34%, im grünen Tee 0,16 bis 0,34%, im schwarzen Tee 0,05 bis 0,41%, im Oolong-Tee 0,09 bis 0,28% und im Pu-erh-Tee 0,01 bis 0,12% beträgt. Andere Literaturstellen geben einen Theaningehalt zwischen 0,15 und 2% der Trockenmasse in grünen und schwarzen Tees an (Engelhardt 2007; Nathan et al. 2006).

Der Gehalt an Theanin kann variieren und ist sowohl vom Grad der Fermentierung als auch von der Weiterverarbeitung des Tees abhängig (Zhou et al. 2004). Aus diesem Grund hat ein aus gleichem Ausgangsmaterial hergestellter grüner Tee einen höheren Theaningehalt, als fermentierter schwarzer Tee (Feldheim 2001).

Viele Aminosäuren des Tees sind an der Bildung von Aroma und der Biosynthese von Polyphenolen im Tee beteiligt. Deswegen wurde eine Korrelationen zwischen dem Gehalt an Aminosäuren, insbesondere des Theanins, und der Qualität des Tees in der Literatur kontrovers diskutiert. L-Theanin wird in den Wurzeln der Teepflanze gebildet. Die Konzentration in den Blättern der Teepflanze ist in den jungen Pflanzen am höchsten, ältere Triebe weisen eine geringere Menge an L-Theanin auf. Demzufolge sprechen höhere Aminosäure-Konzentrationen vor allem des Theanins für gute Qualität der grünen Tees und schlechte der schwarzen Tees (Feldheim et al. 1986). Eine klare Beziehung zwischen dem Aminosäuregehalt und dem Prozess der Aufarbeitung des Tees wurde bei Alcazar et al. (2007) beobachtet. Dabei wurde der Gehalt der Aminosäure zum Zwecke der Einstufung der verschiedenen Teesorten verwendet. Höhere Mengen an freien Aminosäuren, vor allem Theanin, waren in nicht fermentierten weißen und grünen Tees vorhanden.

Außerdem wurde festgestellt, dass die Biosynthese von Theanin mit dem Beginn der Photosynthese verhindert wurde. Somit dient Theanin nicht nur als Reservoir und den Transport von Stickstoff, sondern auch als erster Schritt in der Synthese von Polyphenolen (Feldheim et al. 1986).

Es hat sich auch gezeigt, dass Theanin nicht nur das Aroma und den Geschmack des Tees beeinflusst, sondern auch eine entspannende und blutdrucksenkende Wirkung besitzt. Ferner soll es einen Effekt auf Gedächtnis und Lernfähigkeit beim Menschen (siehe 1.5.2) haben.

3.5.2 Schnelle Quantifizierungsmethode des Theanins im Tee

Zur Bestimmung des Theanins im Tee wurden unterschiedliche analytische Verfahren wie dünnschicht- und flüssigchromatographische Verfahren (Lehmann und Neumann 1974; Spree et al. 2006) beschrieben. Andere Detektionsmethoden mittels ESI-MS wurden von Desai und Armstrong (2004) und Kiehne (1997) publiziert. Allerdings sind viele von diesen Methoden aufwändig und bei den meisten HPLC-Methoden wird eine Derivatisierung mittels o-Phthaldialdehyd oder Phenylisothiocyanat eingesetzt. Da Theanin zwar eine geringe UV-Aktivität besitzt, aber in relativ hohen Konzentrationen im Tee vorliegt, konnte eine schnelle empfindliche Quantifizierungsmethode zur Bestimmung von Theanin im Tee von Engelhardt und Simonides (2007) entwickelt werden, die auf eine Derivatisierung verzichtet. In dieser Methode wird ein wässriger Teeextrakt eingesetzt und mittels HPLC bei 210 nm analysiert. Da diese Methode eine einfache und gut reproduzierbare Methode ist, wurde sie für die Bestimmung des Theaningehalts in dieser Arbeit verwendet.

3.5.3 Bestimmung von Theanin

Es wurden in dieser Arbeit insgesamt 84 Teeproben mit der in Abschnitt (5.8) beschriebenen Methode auf Theanin untersucht. Die Methode besteht aus einer Extraktion mit heißem Wasser, ggf. Verdünnung, anschließender RP-HPLC mit reinem Wasser als Eluenten und UV-Detektion bei 210 nm.

Die Polyphenole der Teeprobe können zudem noch durch vorherige Aufarbeitung mittels Polyamid-Säulenchromatographie entfernt werden. Auf diesen Schritt wurde in dieser Arbeit verzichtet, da auch ohne diesen Arbeitsschritt reproduzierbare und gute Ergebnisse ermittelt werden konnten.

Für die Quantifizierung wurde eine Kalibriergerade mit der Standardsubstanz L-Theanin in einem Konzentrationsbereich zwischen 5,3 und 212 mg/L erstellt (Anhang 13). Der Gehalt des Theanins, ausgedrückt als Massenanteil in Prozent der Trockenmasse einer Teeprobe wurde durch die in Abschnitt (5.8) beschriebene Gleichung berechnet.

Die Nachweis- und Bestimmungsgrenze wurde nach DIN 32645 über die Kalibriergerade von Theanin ermittelt und betrug 1,24 mg/kg bzw. 4,83 mg/kg.

Es wurden gemäß der Gleichung in Abschnitt (5.4.3) die Standardabweichung und der Variationskoeffizient für die Doppelbestimmungen der 84 Teeproben berechnet. Es wurden eine Standardabweichung von 0,036 g/100g und ein Variationskoeffizient von 2,43% in der Trockenmasse erhalten.

3.5.4 Theanin im weißen und grünen Tee

Die einzelnen Ergebnisse der auf Theanin untersuchten Teeproben befinden sich im Anhang 14. Die Theaningehalte in den untersuchten weißen, grünen und schwarzen Tees liegen zwischen 0,41 bis 1,95%. Dies übertrifft die Werte, die aufgrund der Literaturangaben erwartet worden waren (Engelhardt 2007; Nathan et al. 2006). Bei schwarzem Tee liegen die Gehalte im Durchschnitt bei 0,64% und sind damit deutlich unter denen der grünen und weißen Tees. Weißtee hat im Durchschnitt Gehalte von 1,12% Theanin und damit höhere Gehalte als grüner Tee (0,93%). Abbildung 24 stellt die Mittelwerte des Theaningehaltes im weißen und grünen Instant- und Blatttee graphisch dar.

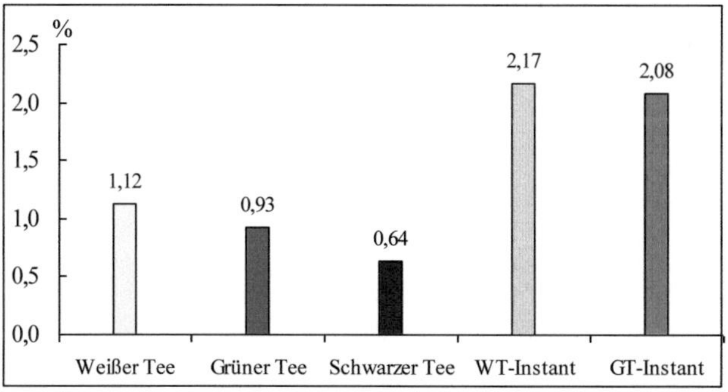

Abbildung 24: Mittelwerte der Theaningehalte in weißen, grünen und schwarzen Tees bzw. in weißen und grünen Instant-Tees

Der Vergleich der Gehalte von Tees unterschiedlicher Anbaugebiete ist aufgrund der geringen Probenzahl nicht besonders aussagekräftig, könnte aber dazu dienen, Tendenzen zu erkennen. Der Theaningehalt von Tees aus China (n=35) ergibt durchschnittlich 0,95% und hat höhere Werte als der aus Indien (n=11) mit im Durchschnitt 0,70%. Weißer und grüner Tee aus dem gleichen Gebiet weisen vergleichbare Theaningehalte auf. Beispielsweise enthalten weißer, grüner und schwarzer Tee aus China jeweils 1,30%–1,11% und 0,45% Theanin. Anderseits zeigen Tees aus Indien weniger Theaningehalte und betragen 0,62% und 0,7% für weißen und grünen Tee und 0,76% für schwarzen Tee (Tabelle 9).

Da sich die Theaningehalte in weißen und grünen Tees aus China, Indien und Japan (siehe Anhang 14) überschneiden, stellt der Theaningehalt kein Abgrenzungskriterium zur Unterscheidung von Tees dieser Provenienzen dar. Jedoch zeigen die Mittelwerte der Theaningehalte des Tees, dass weißer Tee aus China (n=17) die höchsten Gehalte aufweist und weißer Tee aus Indien (n=5) die geringsten. Grüner Tee aus Japan (n=7) weist Werte zwischen denen aus China und Indien auf.

Tabelle 9: Minimal-, Maximal- und Mittelwerte des Theanins im weißen, grünen und schwarzen Tee aus China, Indien und Japan

Theanin %	Aus Indien			Aus China			Aus Japan
	WT	GT	ST	WT	GT	ST	GT
Mittelwert	0,62	0,70	0,76	1,30	1,11	0,45	0,70
Minimalwert	0,48	0,64	0,65	0,88	0,52	0,41	0,52
Maximalwert	0,68	0,83	0,90	1,95	1,74	0,50	1,21

Ein Vergleich zwischen grünem Tee (grüne Nadeln A. Nr.32) und weißem Tee (Silberne Nadeln A. Nr.15) und zwischen grünem Tee (grüne Nadeln B. Nr.31) und weißem Tee (Silberne Nadeln B. Nr.14) aus dem gleichen Anbaugebiet wurde anhand ihrer Theaningehalte durchgeführt. Bezüglich der Ergebnisse im Anhang 14 enthält weißer Tee A mehr Theanin als grüner Tee A, dies ist für die B Teeproben umgekehrt.

Instant-Tee zeigt höhere Theaningehalte als Blatttee (Abbildung 24). Das liegt daran, dass durch den Herstellungsprozess von Instant-Tee die Theaningehalte konzentriert werden. Grüner Instant-Tee zeigt eine größere Spannweite von 1,07% bis 2,81% als weißer Instant-Tee (1,56% - 2,70%). Dies ist allerdings aufgrund der geringen Probenzahl nur als vorläufige Tendenz einzuschätzen.

3.6 Flavonolglykoside

3.6.1 Bisherige Untersuchungen

Flavonolglykoside (FOG) sind wegen ihrer physiologischen Aktivitäten eine der wichtigsten Gruppen der Polyphenole im Tee (*Camellia sinensis*). Die Bindung des Zuckerrestes an das Aglykon befindet sich in C-3-Position am C-Ring (Abbildung 11). Es wurden insgesamt 15 Mono-, Di- und Triglykoside der Aglykone Kämpferol, Quercetin und Myricetin im Tee isoliert und identifiziert (Engelhardt et al. 1992; Engelhardt et al. 1993; Finger und Engelhardt 1991; Finger et al. 1991; Lakenbrink et al. 2000b; Price et al. 1998).

Zahlreiche Untersuchungen zu Flavonolglykosiden im Tee wurden veröffentlicht, in denen die Isolierung und Trennung dieser Verbindungen mittels verschiedenen Methoden z.B. Dünnschichtchromatographie (TLC), Gel-Chromatographie und semipreparative HPLC durchgeführt wurden (Engelhardt et al. 1992; Roberts et al. 1956). Für die Analyse der FOG wurden häufig die HPLC-DAD und ESI-MS eingesetzt (Cuyckens et al. 2001; Finger 1991; Kiehne und Engelhardt 1996; Lakenbrink 2000). Die UV-Spektren der Verbindungen sind charakteristisch und können zur Identifizierung der Aglykone herangezogen werden (Finger 1991). Über Art und Zahl der Zuckerreste werden mittels HPLC-DAD keine Informationen erhalten. Mittels HPLC-MS können sowohl das Glykosid als auch das Aglykon und der Zuckerbaustein identifiziert werden (Cuyckens et al. 2001; Kiehne 1997). Außerdem können Mono-, Di- und Triglykoside desselben Aglykons, mit Ausnahme von Glucose und Galactose, leicht unterschieden werden.

Flavonolglykoside werden während der Fermentation des Tees durch die Polyphenoloxidase im Gegensatz zu den Catechinen kaum umgesetzt, so dass die Gehalte im grünen und schwarzen Tee sehr ähnlich sind. Andere Studien zeigten einige Unterschiede zwischen grünen und schwarzen Tees hinsichtlich des Flavonolglykosidgehaltes, die auf unterschiedliche Herkunft der Tees und nicht auf die Veränderungen im Verlauf der Fermentation zurückzuführen sind (Engelhardt et al. 1992; Lakenbrink 2000).

3.6.2 Methodenoptimierung zur quantitativen Bestimmung von Flavonolglykosiden im Tee

3.6.2.1 Optimierung der Aufarbeitung

Die methanolischen Extrakte (Abschnitt 5.9) wurden bisher auf einer Polyamid-Säule gereinigt, um störende Inhaltstoffe (z.B. Zucker, Säure) zu entfernen. Je nach der verwendeten Teemenge wurde eine PA Säule in einer passenden Größe verwendet (Finger 1991; Lakenbrink 2000).

Um die Aufarbeitung zu erleichtern, Kosten zu sparen und eine bessere Trennung zu bekommen, wurden in dieser Arbeit die von Finger (1991) und Lakenbrink (2000) beschriebenen Methoden weiter optimiert. Für die Verbesserung der Extraktionsverfahren wurde geprüft, ob die Größe der PA-Säule die Bestimmung der Flavonolglykoside im Tee beeinflusst.

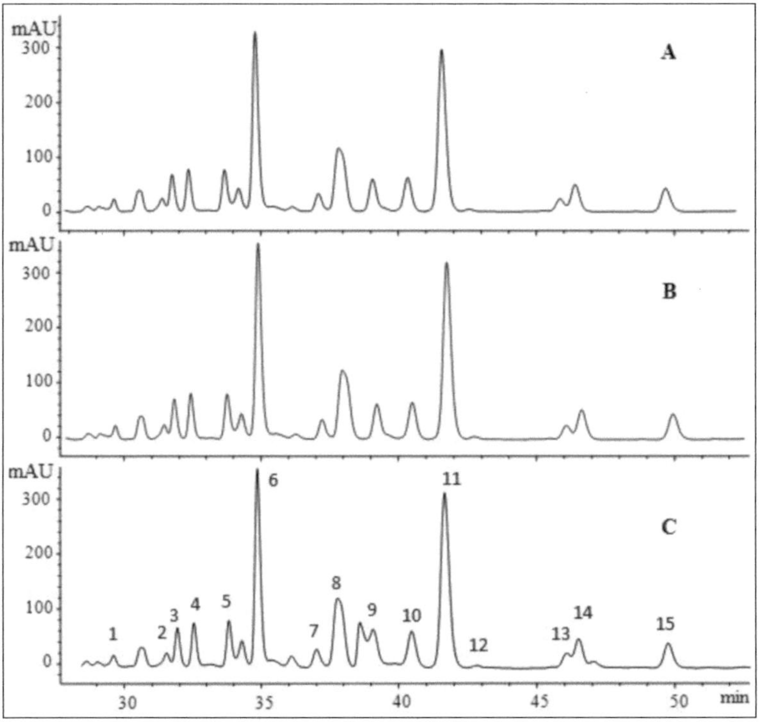

Abbildung 25: HPLC-Trennungen von FOGs aus einer Teeprobe; A: mit einer kleinen Polyamidsäule aufgearbeitet, B: mit einer großen Polyamidsäule, C: ohne Aufreinigung; (1: M-rdg, 2: M-rut, 3: M-gal, 4: M-glu, 5: Q-grg, 6: Q-rdg, 7: Q-rgal, 8: Q-rut + K-grg, 9: Q-gal, 10: Q-glu, 11: K-drgal, 12: K-rdg, 13: K-gal, 14: K-rut, 15: K-glu)

Daher wurden aus zwei Teeproben jeweils drei identische Extrakte A, B und C nach (Abschnitt 5.9) hergestellt. Extrakt A wurde auf eine mit 250 mL Wasser konditionierte kleine (15x2 cm i. D.) PA-Säule (Abschnitt 5.3.1 Säule A) gegeben, mit 100 mL Wasser gewaschen und anschließend mit 250 mL Methanol eluiert. Der zweite Extrakt B wurde mit einer konditionierten größeren (30x3 cm i.D.) PA-Säule (Abschnitt 5.3.1 Säule B) gereinigt und schließlich mit 500 mL Methanol eluiert. Der dritte Extrakt C wurde nicht gereinigt. Identische weitere Aufarbeitungen nach Abschnitt (5.9) wurden für alle drei Extrakte durchgeführt.

Anschließend wurden die Flavonolglykoside qualitativ mittels ESI-MS und quantitativ mittels HPLC-DAD unter Verwendung der FOG-II-Methode (Abschnitt 5.3.7) bestimmt.

Die Konzentrationen der einzelnen Flavonolglykoside sowie auch ihre Summe von A-, B- und C-Extrakten wurden untereinander verglichen. Wie in Abbildung 25 zu sehen, konnten keine auffälligen Unterschiede zwischen den Extrakten A und B gefunden werden. Bei Extrakt C sind einige weitere Peaks vorhanden, durch die aber die Bestimmung der Flavonolglykosiden nicht gestört wird. Daher wurde auf die Reinigung durch PA-Säule in der FOG-Extrakt-Methode in diese Arbeit verzichtet.

3.6.2.2 Vergleich verschiedener HPLC-Säulen

Ferner wurde bis jetzt eine Nucleosil-Säule zur generellen Bestimmung von Flavonolglykosiden im Tee mittels HPLC und ESI-MS Messungen benutzt (Finger 1991; Lakenbrink 2000). Daher wurde der gleichge methanolische Extrakt von Teeprobe Nr.1 mit den gleichen HPLC-Parametern auf verschiedenen Trennsäulen getrennt und die Chromatogramme untereinander verglichen. Dafür wurden drei RP-HPLC-Säulen (Nucleosil 100 C18, 5µm; Aqua C18, 125A 5µm und Hypersil C18, 5µm) ausgewählt (Abschnitt 5.3.6) und die FOG mittels FOGI-, FOGII- bzw. FOGIII-Methode (Abschnitt 5.3.7.b, c und d) bestimmt.

Abbildung 26 zeigt die resultierenden HPLC-Chromatogramme der erwähnten Säulen. Anhand der Retentionszeiten und der Qualität der Trennung von Flavonolglykosid-Peaks wurde ein Vergleich zwischen den drei Messungen durchgeführt.

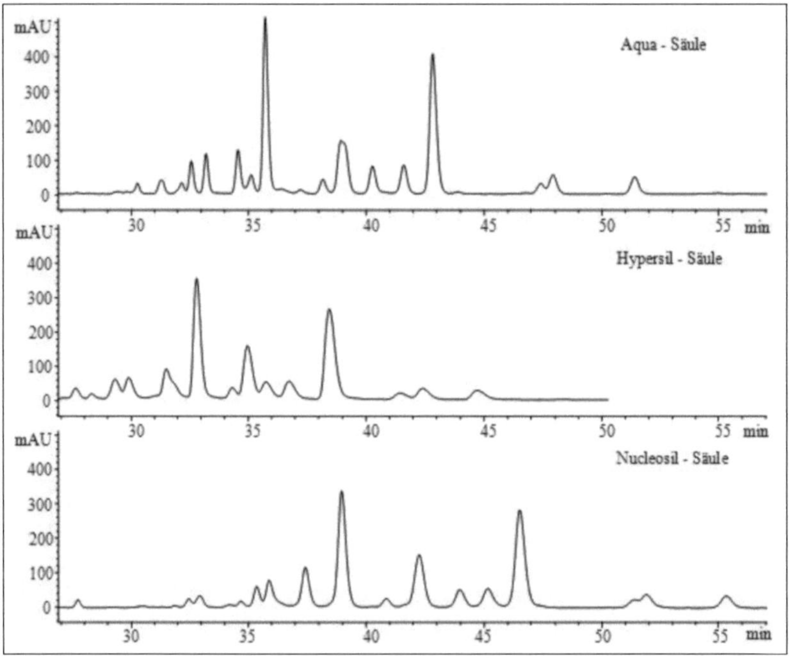

Abbildung 26: HPLC-Trennungen von FOGs aus Teeprobe Nr.1 mit einer Aqua-, Hypersil- und Nucleosil-Säule

FOG eluieren auf der Hypersil-Säule früher als bei der Nucleosil- und Aqua-Säule. Allerdings ist die Trennung durch eine Aqua-Säule viel besser als auf der Nucleosil- und Hypersil-Säule. Aufgrund dieser Ergebnisse wurden die Bestimmungen der Flavonolglykoside im Tee auf der Aqua C18 125A, 5µm (250 x 4,6 mm i.D.) Säule durchgeführt.

3.6.3 Bestimmung der Flavonolglykoside

Insgesamt 72 Teeproben (Abschnitt 5.1) wurden in dieser Arbeit nach dem entwickelten Extraktionsverfahren (Abschnitt 5.9) extrahiert. Die Flavonolglykoside wurden mit der FOG-II-Methode (Abschnitt 5.3.7.c) quantitativ und qualitativ mittels HPLC-DAD und ESI-MS ermittelt.

Zur Identifizierung der Flavonolglykoside wurden die relativen Molekülmassen der Aglykone (Kämpferol, Quercetin und Myricetin) sowie auch ihrer Mono-, Di- und Tri-Saccharide mittels ESI-MS im negativen Modus unter Verwendung der FOG-II-Methode erfasst. Aufgrund der erhaltenen Daten wurde die Peakzuordnung eindeutig festgelegt (siehe Tabelle 10).

Eine weitere Zuordnungsmöglichkeit der Flavonolglykoside-Peaks war durch Vergleich ihrer Retentionszeit und ihrer UV-Spektren mit dem von Standardmaterial mittels HPLC-DAD möglich.

Tabelle 10: Relative Molekülmassen M_r der FOGs des Tees (m/z), gemessen im negativen Modus; glu: glucose, gal: galactose, rha: rhamnose

	Aglykon	glu/gal	rha-glu/rha-gal	glu-rha-glu/glu-rha-gal
Kämpferol	285	447	593	755
Quercetin	301	463	609	771
Myricetin	317	479	625	787

Die Quantifizierung der Flavonolglykoside im Tee erfolgte über Eichungen mit drei Standardsubstanzen: Kämpferol-rhamnoglucosid, Rutin und Myricitrin, die kommerziell erhältlich sind (Anhänge 15-17). Unter Verwendung von diesen Standards und der in Abschnitt (5.9) beschriebenen Gleichung wurden alle Flavonolglykoside in den untersuchten Tees als Aglykon in mg/kg berechnet. Die Gehalte an Flavonolglykosiden finden sich in den Anhängen 19-23.

Wie in Abbildung 25 zu sehen ist, wurden Quercetin-rutinosid und Kämpferol-glucorhamnogalactosid mit dem verwendeten HPLC-System (FOG-II) nicht getrennt. Sie eluieren zusammen in Peak 8, daher wurde ein isokratisches System zur Trennung von Q-rut und K-grg nach Finger et al. (1991) benötigt. Der Trennung erfolgt auf einer Hypersil Säule (Abschnitt 5.3.6) nach der FOG-IV Methode (Abschnitt 5.3.7.e). Abbildung 27 zeigt das Chromatogramm einer HPLC-Trennung von Q-rut und K-grg auf einer ODS Hypersil 5µm (250 x 4,6 mm i.D.) Säule.

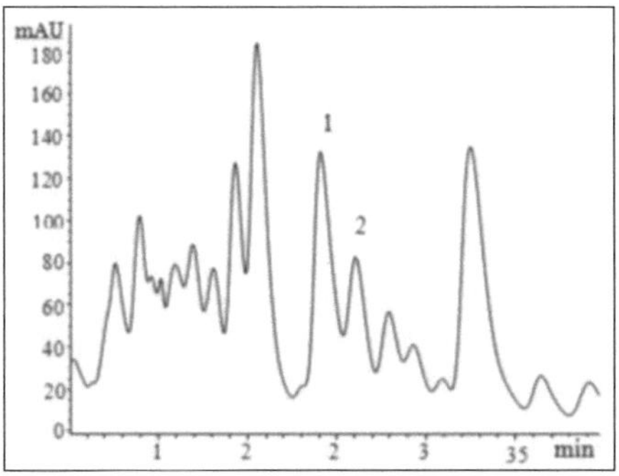

Abbildung 27: Chromatogramm der isokratischen Trennung von 1: K-grg, 2: Q-rut

Die Nachweis- und Bestimmungsgrenzen wurden nach DIN 32645 über die Kalibriergeraden von Kämpferol-rhamnoglucosid-, Rutin- und Myricitrin-Standards ermittelt. Ihre Eichgeraden sind in den Anhängen 15-17 dargestellt. Die Nachweis- und Bestimmungsgrenzen betrugen für Kämpferol 0,295 bzw. 1,125 mg/kg, für Quercetin 0,36 bzw. 1,36 mg/kg und für Myricetin 1,19 bzw. 4,49 mg/kg.

Die entwickelte Methode zeichnet sich durch eine hohe Reproduzierbarkeit aus. Aus 72 Doppelbestimmungen wurden die Daten der untersuchten Teeproben herangezogen und gemäß Abschnitt (5.4.3) Standardabweichungen und Variationskoeffizienten berechnet. Anhang 18 zeigt die Standardabweichungen und Variationskoeffizienten der einzelnen Flavonolglykoside in den untersuchten Teeproben. Es ergeben sich zwischen 3,9 und 17,2 mg/kg i.Tr. für Standardabweichungen. Die Variationskoeffizienten liegen zwischen 2,1% – 4,4% etwas niedriger als die von Lakenbrink (2000) ermittelten Werte und bestätigten damit die gute Reproduzierbarkeit der Methode.

3.6.3.1 Flavonolglykoside in weißen und grünen Tees

Es gelang in dieser Arbeit mit einer HPLC-Gradientenmethode 16 Flavonolglykoside aus weißem und grünem Tee zu trennen. Es wurden 4 Myricetin-, 6 Quercetin- und 6 Kämpferolglykoside gefunden. Myricetin-3-O-rhamnodiglucosid (Abbildung 34) konnte erstmals im Tee nachgewiesen werden, wobei diese Verbindung vorher weder im Tee noch in anderen Pflanzen beschrieben wurde. Es wurde in der Literatur beschrieben, dass Quercetin- und Kämpferol-rdg ausschließlich nur in der China-Varietät of *Camellia sinensis* vorkommen (Roberts 1985).

Einige Flavonolglykoside kommen nicht in allen Teeproben vor. So ist z.B. Quercetin-rgal nur in 23 von 72 Teeproben nachweisbar. Myricetin-rdg, das in dieser Arbeit zum ersten Mal isoliert wurde, war in 40 Teeproben nachweisbar. Im Gegensatz dazu waren glucosid- und galactosid-Derivate von Kämpferol, Quercetin und Myricetin in den meisten der Proben nachweisbar.

Aus den Mittelwerten in Tabelle 11 ist ersichtlich, dass grüner Tee mit einem Mittelwert von 5453 mg/kg i.Tr. einen höheren Gehalt an Flavonolglykosiden als weißer Tee (4071 mg/kg i.Tr.) und als schwarzer Tee (3631 mg/kg i.Tr.) aufweist. Bei weißem Tee variiert der Flavonolglykosidgehalt zwischen 1018 bis 7875 mg/kg i.Tr. und hat damit eine größere Variationsbreite als grüner und schwarzer Tee. Weiße und grüne Instant-Tees zeigen vergleichbare Flavonolglykosidgehalte (Tabelle 11).

Tabelle 11: Minimal-, Maximal- und Mittelwerte der Flavonolglykosidgehalte im weißen, grünen und schwarzen Tee (Blatt und Instant), als Aglykon berechnet

mg/kg i.Tr.	Weißer Tee		Grüner Tee		Schwarzer Tee
	Blatt	Instant	Blatt	Instant	Blatt
Mittelwert	4071	13949	5453	13725	3631
Minimalwert	1018	12793	2134	11265	2311
Maximalwert	7875	15014	8488	14849	5501

Die Flavonolglykosidgehalte der untersuchten Teeproben variieren stark je nach der Sorte, Provenienzen oder Verarbeitung der Tees. Die weißen Tees mit dem niedrigsten und mit dem höchsten Wert stammen beide aus China. Der grüne Tee Nr.33 mit dem höchsten FOG-Gehalt stammt aus Vietnam und der grüne Tee Nr.32 mit dem niedrigsten Wert stammt aus China.

Der durchschnittliche Anteil von Myricetin-, Quercetin- und Kämpferolglykosiden im grünen und schwarzen Tee ist den von Lakenbrink (2000) ermittelten Werten vergleichbar, wobei die Quercetinglykoside in beiden Tees zu mehr als 50% des Gesamtflavonolglykosidgehaltes beitragen.

Anhand der in den Anhängen 19-23 zusammengestellten Ergebnisse wurden die Anteile von Myricetin-, Quercetin- und Kämpferolglykosiden als Prozent in Tabelle 12 berechnet. Die Anteile der Aglykone zeigen signifikante Unterschiede zwischen den untersuchten weißen, grünen und schwarzen Tees. Sowohl im weißen als auch im grünen und schwarzen Tee machen die Quercetinglykoside den großen Teil des Gesamtflavonolglykosidgehaltes aus und erreichen im weißen und grünen Tee jeweils 42% der gesamten Flavonolglykosidgehalte und damit deutlich weniger als im schwarzen Tee (49%).

Die Myricetin-Derivate im weißen Tee machen zwischen 17-55% und im grünen Tee zwischen 20-45% des Gesamtflavonolglykosidbetrags aus und somit sind ungefähr ein Drittel mehr als im schwarzen Tee. Instant-

Tees haben ein anderes Profil als Blatttee. Weißer Instant-Tee zeigten mehr Q-Derivate und weniger M-Derivate als grüner Instant-Tee.

Tabelle 12: Anteil der Myricetin-, Quercetin- und Kämpferol-Derivate am gesamten Flavonolglykosidgehalt im Tee in Prozent als Aglykon berechnet

	M-Derivate %	Q-Derivate %	K-Derivate %
Weißer Tee-Blatt	29	42	29
Grüner Tee-Blatt	31	42	27
Schwarzer Tee-Blatt	20	49	32
Weißer Tee-Instant	27	51	22
Grüner Tee-Instant	30	43	27

Die Profile der Myricetin-, Quercetin- und Kämpferolglykoside (Abbildung 28) zeigen deutliche Unterschiede für die verschiedenen Tees. Grüner Tee weist höhere Gehalte an mono-, di- und tri-Zucker-Derivate des Myricetins auf als weißer Tee und übertrifft den von schwarzem Tee. Die Gehalte der neuen Verbindung M-rdg sind in weißem und grünem Tee vergleichbar und übertrafen die von schwarzem Tee.

Dagegen offenbaren die Profile von Quercetin- und Kämpferolglykosiden große Unterschiede zwischen den verschiedenen Teearten. Rutinosid- und glucosid-Derivate von Kämpferol und Quercetin weisen in schwarzem Tee höhere Gehalte auf. Allerdings sind die Gehalte von Q-gal, K-gal, K-rgal und K-drgal in den drei Tees in einem ähnlichen Bereich.

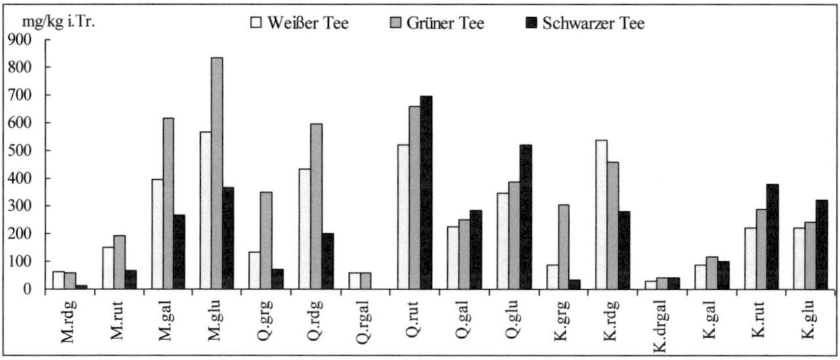

Abbildung 28: Darstellung der Mittelwerte der Flavonolglykoside im weißen, grünen und schwarzen Tee

Ferner weist K-rdg in weißem Tee mit einem Mittelwert von 536 mg/kg i.Tr. einen deutlich höheren Gehalt als grüner und schwarzer Tee auf . Dies kann nicht auf alle weißen Teeproben übertragen werden, da nicht alle einen höheren Gehalt an K-rdg aufweisen und so ist K-rdg auch in einigen weißen Teeproben aus China nicht nachweisbar. Der höchste Wert von K-rdg beträgt 1411 mg/kg i.Tr. in einem weißen Tee Nr.8, der aus China stammt. Ebenfalls weisen die Q-rdg Werte im schwarzen Tee deutlich niedrigere Gehalte als weißer und grüner Tee auf. Die M-rdg Gehalte im weißen Tee mit einem Mittelwert von 60 mg/kg i.Tr. entsprechen denen von grünem Tee (59 mg/kg i.Tr.) und zeigen dadurch charakteristisch höhere Gehalte als schwarzer Tee (11 mg/kg i.Tr.).

Die Gehalte an Mono-, Di- und Triglykosiden der untersuchten weißen, grünen und schwarzen Tees sind in Tabelle 13 gegenübergestellt. Die Monoglykoside machen den großen Teil des Gesamtflavonolglykosidgehaltes aus und reichen in weißen und grünen Tees bis 44,9% der gesamten Flavonolglykosidgehalte und liegen damit niedriger als im schwarzen Tee.

Es ist ersichtlich, dass weißer und grüner Tee gegenüber schwarzem Tee ähnliche Profile zeigen. Triglykosidgehalte am gesamten Flavonolglykosidgehalt im weißen und grünen Tee enthalten jeweils 14%

und 16% mehr Gehalte als im schwarzen Tee. Hingegen weist schwarzer Tee mehr Mono- und Diglykosid-Anteile auf (durchschnittlich 51% bzw. 31%), da infolge der Abbaureaktionen die Monozuckerderivate während der Teeherstellung als Abbauprodukt von Diglykosiden entstehen, die wiederum ein Abbauprodukt der Triglykoside sein könnten. Diese Ergebnisse sind in Übereinstimmung mit denen von Engelhardt et al. (1992), die während der Fermentation eine Bildung der entsprechenden Mono- und Disaccharide aus den Triglykosiden vermuteten.

Die oben genannten Ergebnisse ermöglichen eine Übersicht über die Flavonolglykosidgehalte sowie den Anteil der Myricetin-, Quercetin- und Kämpferol-Derivate in weißen, grünen und schwarzen Tees. Ebenfalls wurden die Gehalte der Mono-, Di- und Triglykoside der Weiß-, Grün- und Schwarztees und jeweils ihr Anteil am Gesamtflavonolglykosidgehalt erhalten. Weißer und grüner Tee sind als nicht fermentierte Tees anderes charakterisiert als schwarzer Tee. Deutliche Unterschiede bestanden hinsichtlich des Anteils der Mono-, Di- und Triglykoside am Gesamtflavonolglykosidgehalt. Beim weißen und grünen Instant-Tee ist nur der Diglykosid-Anteil vergleichbar (siehe Tabelle 13).

Tabelle 13: Anteil der Mono-, Di- und Triglykoside am gesamten Flavonolglykosidgehalt in weißen, grünen und schwarzen Tees (in Prozent berechnet)

	Monoglykosid %	Diglykosid %	Triglykosid %
Weißer Tee-Blatt	44,9	23,5	31,5
Grüner Tee-Blatt	44,9	21,9	33,2
Schwarzer Tee-Blatt	51,2	31,4	17,4
Weißer Tee-Instant	42,0	27,0	30,9
Grüner Tee-Instant	63,2	24,3	12,5

3.6.3.2 Herkunftsunterschiede

Die Mittel-, Minimal– und Maximalwerte des Flavonolglykosidgehaltes vom weißen und grünen Tee aus China und Indien zeigen, dass alle untersuchten grünen Teeproben aus China mit einem Mittelwert von 5134 mg/kg i.Tr. einen relativen höheren Gehalt an FOG als weißer Tee aus China aufweisen, wobei weißer und grüner Tee aus Indien entsprechende FOG-Gehalte zeigten (Tabelle 14). Die Werte für weiße Tees aus China (n=17) reichen von 1018 mg/kg i.Tr. (Tee Nr.29) bis 7875 mg/kg i.Tr. (Tee Nr.25). Hingegen ist die Schwankungsbreite beim grünen Tee aus China (n=14) kleiner und liegt zwischen 2134 mg/kg i.Tr. (Tee Nr.32) und 7997 mg/kg i.Tr. (Tee Nr.34).

In Tabelle 14 sind die Myricetin-, Quercetin- und Kämpferol-Derivate prozentual zum Gesamtflavonolglykosidgehalt in China- und Indien-Tees ausgedrückt. Anhand der Mittelwerte des jeweiligen Aglykon-Anteils wurde festgestellt, dass für weißen und grünen Tee aus China keine Unterschiede bestehen.

Die prozentualen Anteile von Myricetin-, Quercetin- und Kämpferol-Derivaten an der gesamten Flavonolglykosid-Menge betragen für weißen Tee aus Indien jeweils 32%, 35%, 33% bzw. für grünen Tee aus Indien 41%, 36%, 23%. Weißer Tee aus Indien enthält relativ mehr Kämpferol- bzw. weniger Myricetin-Derivate als grüner Tee. Die Unterschiede sind allerdings nicht signifikant.

Weiße Tees aus China und Indien enthalten im Durchschnitt die gleichen FOG-Gehalte, wobei der Tee aus China mehr Quercetin- (42%) und weniger Myricetin-Derivate (29%) aufweist. Gleicherweise zeigt grüner Tee aus Indien mehr Myricetin-Anteile (41%) als grüner Tee aus China (27%).

Wie im Anhang 20 zu sehen ist, enthält grüner Tee aus Japan (n=7) höhere Gehalte an FOG mit einem Mittelwert von 6121 mg/kg i.Tr. verglichen mit Teeproben aus China und Indien.

Da die Anzahl der untersuchten weißen und grünen Teeproben aus Indien für jeweils n=5 wenig war und weiße Teeproben aus Japan nicht zu Verfügung standen, konnte hierbei keine Aussage getroffen werden (siehe Anhänge 19-20).

Tabelle 14: Die Mittelwerte der FOG-Gehalte und der prozentuale Aglykon-Anteil von weißen und grünen Tees aus China und aus Indien

FOG-Gehalt mg/kg i.Tr.	Aus China		Aus Indien	
	Weißer Tee	Grüner Tee	Weißer Tee	Grüner Tee
Mittelwerte	4442	5134	4420	4162
M-Derivate	1232 (29%)	1371 (27%)	1273 (32%)	1670 (41%)
Q-Derivate	1910 (42%)	2191 (42%)	1743 (35%)	1530 (36%)
K-Derivate	1301 (31%)	1572 (31%)	1404 (33%)	962 (23%)

3.6.4 Isolierung und Identifizierung eines neuen Flavonoltriglykosids

Bei den Untersuchungen von FOG in Tees (Abbildung 25) ist eine Peak bei ca. 30 min aufgetreten, der nicht zugeordnet werden konnte. Da dieser Peak ein signifikantes Fragmentierungsmuster sowie UV-Spektrum der Flavonolglykoside bzw. Myricetintriglykoside zeigt, waren die Isolierung und die Identifizierung dieses Peaks notwendig.

3.6.4.1 Isolierung

Das neue Myricetintriglykosid wurde aus weißem Tee Nr.14 aus China mit den in Abschnitt (5.9) beschriebenen Extraktionsverfahren extrahiert. Es wurde hier auf das bei Kiehne (1997) beschriebene Aussalzen verzichtet, da sich dies negativ auf die Reproduzierbarkeit der Methode auswirkt. Insgesamt wurden 80 g Tee auf diese Weise extrahiert.

Für die Anreicherung und Isolierung wurde eine zweistufige Methode entwickelt. Eine Aufreinigung auf der Polyamidsäule erfolgt nach Abschnitt (5.3.1.B), um die Säure und Zucker zu entfernen. Weitere Fraktionierung wurde mittels Sephadex LH-20 Säulenchromatographie (5.3.1.C) durchgeführt und die entsprechenden Fraktionen eingeengt und gefriergetrocknet. Insgesamt wurde ca.16 g des gefriergetrockneten Rückstandes des Polyamids gelchromatographisch getrennt, die zweite Fraktion vereinigt und gefriergetrocknet.

Um eine ausreichende Reinheit der neuen Verbindung zu erhalten, waren zwei weitere Aufreinigungen mittels semipräparativer HPLC erforderlich. Dazu wurden zwei präparative HPLC-Systeme FOG-V und FOG-VI, die im Abschnitt 5.3.7 beschrieben wurden, erstellt und benutzt, um das Myricetintriglykosid aus dem entstehenden Lyophilisat zu isolieren.

3.6.4.2 Identifizierung und Strukturaufklärung

3.6.4.2.1 UV/Vis-Spektroskopie

Die Bestimmung der Flavonol-O-glykoside (FOG) wurde an einer HPLC-Anlage mit Diodenarray-Detektor (DAD) durchgeführt. Dies ermöglicht erste Hinweise auf bestimmte Strukturmerkmale und könnte zur Charakterisierung der getrennten Verbindungen herangezogen werden. Es konnte hier jedoch für die neue Verbindung nur das Aglykon zugeordnet werden. Durch ihre Dioden-Array-UV-Spektren (Abbildung 29) wurden sie als Glykoside von Myricetin identifiziert (Finger 1991). Die Bestimmung der jeweiligen Zucker-Reste erfolgt anhand von Massenspektren.

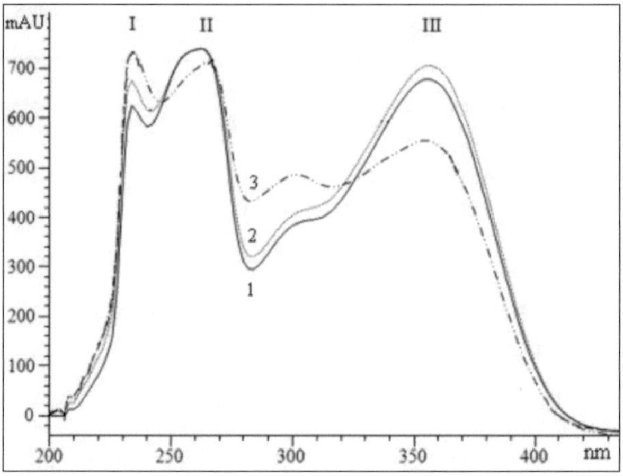

Abbildung 29: UV-Absorptionsspektren von 1: M-glu (234/264/357 nm), 2: M-gal (234/264/357 nm) und 3: M-rdg (234/265/357 nm) aufgenommen mittels HPLC-DAD

3.6.4.2.2 Massenspektrometrie

Um die mit Hilfe der HPLC-DAD getrennte Verbindung genauer identifizieren und schließlich quantifizieren zu können, ist eine weitergehende Strukturaufklärung, speziell der Zucker-Komponenten glykosidischer Verbindungen, notwendig. Als Methode der Wahl hat sich hier die Kopplung von HPLC und Massenspektrometrie bewährt. Auf diese Weise können dieselben chromatographischen Bedingungen direkt übertragen werden, wodurch eine Zuordnung der einzelnen Peaks neben den erhaltenen Strukturinformationen zusätzlich über die Retentionszeit möglich ist.

Durch ESI-MS^n-Analyse Abschnitt (5.3.3) und unter Verwendung der FOG-II-Methode (Abschnitt 5.3.7) wurde für die isolierte Substanz ein Molekulargewicht von 787,3 m/z im negativen Modus ($[M-H]^-$) detektiert, die bei der Fragmentierung der Ionen 626,0 , 479,2 und 316,8 m/z ergibt.

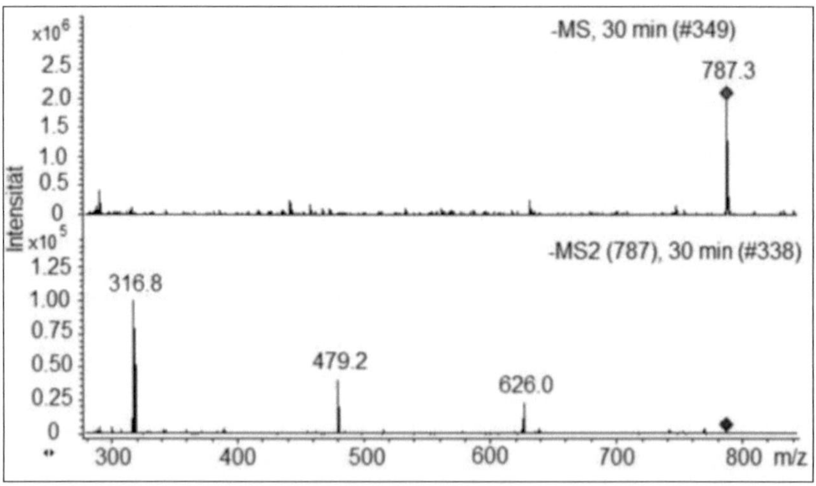

Abbildung 30: Massenspektren MS und MS^2 der isolierten Verbindung M-rdg sowie ihre Fragmentierungsmuster

Die positive hochauflösende ESI-MS-Messung $[M+H]^+$ dieser Verbindung ergab 789,2107 und wurde mit 789,2089 für ($C^{33}H^{41}O^{22}$) berechnet. Im negativen Modus weist der Verlust eines Fragments mit der Masse 162 u auf die Abspaltung einer Hexose hin. Die weitere Fragmentierung produziert zunächst ein Fragment von 164 u, das mit der Abspaltung von Rhamnose erklärt werden kann. Bei der weiteren Fragmentierung des resultierenden Ions von 479 m/z tritt erneut ein Verlust von 162 u aufgrund der Abspaltung einer Hexose auf. Die massenspektrometrischen Daten stimmen mit den von Finger und Engelhardt (1991), Kiehne (1997) und Kiehne und Engelhardt (1996) beschriebenen Zucker-Abspaltungen für Kämpferol- bzw. für Quercetin-rhamnodiglykoside überein.

Das Aglykon hat nach Abspaltungen von 162 u, 164 u und 162 u eine Masse von 316 m/z, die auf das Aglykon-Myricetin hinweist. Die ESI-MS-Messung ist mit den DAD-UV-Spektren im Einvernehmen, demzufolge es ist sehr wahrscheinlich, dass die neue isolierte Verbindung ein Myricetin-rhamnodiglucosid ist. Abbildung 30 zeigt die Massenspektren der isolierten Verbindung sowie ihre Fragmentationen.

3.6.4.2.3 Kernresonanzspektroskopie

Für die endgültige Strukturaufklärung war die Anwendung der NMR-Spektroskopie (Abschnitt 5.3.5) erforderlich. Es wurden insgesamt 1,2 mg der unbekannten Verbindung aus einem chinesischen weißen Tee isoliert und ^{1}D und ^{2}D NMR-Messungen durchgeführt. Die ^{1}H, ^{13}C, DEPT-135, HMBC, HMQC, NOESY und HSQC-TOCSY NMR-Spektren wurden entweder auf Bruker AV II 400 oder Bruker AV II 600 NMR-Spektrometer (Bruker, Bremen, Deutschland) aufgezeichnet. Diese wurden der wichtigsten Deuterium-Resonanz des Lösungsmittels CD_3OD bei Raumtemperatur angepasst. Alle chemischen Verschiebungen wurden bezüglich der TMS in ppm angegeben und wurden im Vergleich zu den restlichen Signalen des Lösungsmittels (^{1}H: 3,35 ppm, ^{13}C: 49,00 ppm) erfasst. Die Kopplungskonstanten wurden in Hertz gemessen. ^{1}H-und ^{13}C-NMR-chemische Verschiebungen sowie die ^{1}H Kopplungskonstanten für die isolierte Verbindung sind in Tabelle 15 angegeben.

NMR-Daten für Quercetin- und Kämpferol-Verbindungen mit einer Rhamnodiglucosid-Einheit standen zur Verfügung, z.B. Kämpferol-rdg (Finger und Engelhardt 1991; Finger et al. 1991; Wada et al. 2000). Das Aglykon Myricetin wurde durch ^{1}H- und ^{13}C-NMR bestätigt und mit den Literaturdaten verglichen (Braca et al. 2001; Kazuma et al. 2003).

Für die isolierte Verbindung lag das Hauptinteresse bei der Kernresonanzspektroskopie in der Aufklärung der Zucker-Bausteine. Daher soll hier kurz allgemein auf die typischen Signale eingegangen werden, die auch auf die Art der Verknüpfung von Zucker und Aglykon sowie die Position der Bindung schließen lassen. Eine ausführliche Beschreibung findet sich bei Agrawal (1992).

Zuckerhaltige Verbindungen zeigen im ^{1}H-Spektrum eine charakteristische Häufung von Signalen im Bereich von 3,0 bis 6,0 ppm. Diese stammen von den Resonanzen der Carbinol-Protonen und sind zumeist stark überlagert, was häufig eine eindeutige Interpretation erschwert.

Die als Dublett erscheinenden Signale der anomeren Protonen sind am weitesten Tieffeld- verschoben. Bei Kenntnis des Zuckers ermöglicht die Größe der Kopplungskonstante eine Bestimmung der Art der glykosidischen Bindung. Eine große Kopplung von 8 Hz deutet bei Zuckern wie Glucose, Galactose oder Xylose auf eine β-glykosidische Bindung, kleine Kopplungen von 1 bis 4 Hz sind dagegen typisch für ein äquatorial angeordnetes anomeres Proton, also eine α-glykosidische Bindung. Allerdings gilt das bei anderen Zuckern wie Rhamnose nicht. Die anomere Konfiguration der Rhamnose kann nicht von dem Wert der vicinalen Kopplungskonstante abgeleitet werden, da die Kopplungskonstanten von α- und β-Konfigurationen etwa gleich sind (1,5 Hz).

Das ^{1}H-Spektrum (Anhang 24) bestätigt zunächst das Aglykon Myricetin. Die Protonen H-2′ und H-6′ sind zwar chemisch, aber nicht magnetisch äquivalent. Ihre Signale sind in einem Dublette bei δ = 7,29 ppm zu sehen. Sicher zuzuordnen sind die zwei Singulett-Signale von H-8 und H-6 bei δ=6,39 bzw. δ= 6,2 ppm. Außerdem sind die anomeren Protonen H1′′, H1′′′ und H1′′′′ der Zucker-Reste bei δ = 5,08, 4,58 und 4,47 ppm als drei Dubletten zu sehen, sowie auch das Methylproton H-6′′′der Rhamnose-Einheit (δ=1,1 ppm).

Tabelle 15: NMR-Daten von M-rdg in CD_3OD. * Signale können vertauscht werden; s: Singulett, d: Dublett, t: Triplett, m: Multiplett; Σ: Die gesamte Breite des Signals in Hz

Position	^{13}C NMR ppm	^{1}H ppm	J[Hz]	HMBC	DEPT
2	159,4				Q
3	135,8				Q
4	179,5				Q
5	162,9				Q
6	100,1	6,2	(d, 1H, J=2,1Hz)	8, 10, 5	CH
7	162,9				Q
8	95,0	6,39	(d, 1H, J=2,1Hz)	6, 9, 10	CH
9	158,5				Q
10	105,5				Q
1′	122,1				Q
2′	110,3	7,29	(s,1H)	2, 1′, 3′,4′, 5′	CH
3′	146,3				Q
4′	138,0				Q
5′	146,3				Q
6′	110,3	7,29	(s,1H)	2, 1′, 3′, 4′, 5′	CH
1′′	105,1	5,08	(d, 1H, J=7,8Hz)	3, 2′′, 3′′, 5′′	CH
2′′	75,5	3,53	(dd,1H,J=7,9Hz, J=9,2Hz)	1′′, 4′′, 3′′	CH
3′′	78,25 *	3,43	(t, 1H, J=9,2Hz)	2′′, 4′′	CH
4′′	71,2	3,33	(m)	3′′, 6′′	CH
5′′	77,0 *	3,34	(m)	1′′, 3′′, 4′′, 6′′	CH
6′′A	68,7	3,78	(m,1H,J=2,1Hz,J=11,7Hz)	5′′, 1′′′, 2′′′, 4′′′	CH2
6′′B		3,48	(m,2H,J=5,5Hz,J=11,0Hz)	5′′, 1′′′	
1′′′	102,4	4,58	(d, 1H, J=1,5Hz)	6′′, 2′′′, 3′′′, 5′′′	CH
2′′′	71,3	3,96	(dd,1H,J=1,5Hz, J=3,0Hz)	1′′′,3′′′, 4′′′	CH
3′′′	83,0	3,65	(dd,1H,J=3,3Hz, J=9,0Hz)	1′′′,2′′′,4′′′,5′′′,1′′′′	CH
4′′′	72,6	3,45	(m)	2′′′, 3′′′,5′′′,6′′′	CH
5′′′	69,4	3,48	(m, 1H, J=5,5Hz, J=9Hz)	1′′′, 3′′′, 4′′′, 6′′′	CH
6′′′	17,9	1,1	(d, 3H, J=5,5Hz)	4′′′, 5′′′	CH3
1′′′′	105,6	4,47	(d, 1H, J=7,8Hz)	3′′′, 3′′′′, 5′′′′	CH
2′′′′	75,7	3,28	(dd,1H,J=7,8Hz, J=9,2Hz)	1′′′′, 3′′′′, 4′′′′	CH
3′′′′	77,5	3,45	(t, 1H, J=9,1Hz)	1′′′′,2′′′′,4′′′′,5′′′′	CH
4′′′′	70,9	3,39	(t, 1H, J=9,2Hz)	2′′′′, 3′′′′,6′′′′	CH
5′′′′	77,5	3,27	(m, 1H, Σ J=16,5Hz)	1′′′′,3′′′′,4′′′′,6′′′′	CH
6′′′′A	62,0	3,73	(dd,1H,J=4,5Hz, J=11,9Hz)	4′′′′, 5′′′′	CH2
6′′′′B		3,78	(dd,1H,J=2,7Hz, J=12,0Hz)	4′′′′	

Bezüglich der NOESY-Daten sind das erste und dritte Signal auf Glucopyranose-Reste und das zweite Signal auf eine Rhamnose-Einheit zurückzuführen. Die anomeren Konfigurationen wurden von der homonuclearen (^{1}H-^{1}H) und der heteronuclearen (HMQC) Kopplungskonstante der Zuckereinheiten abgeleitet. In Anhang 25 ist das HMQC-NMR-Spektrum des Myricetin-rhamnodiglucosids mit den wichtigsten (H-C) Verbindungen dargestellt.

Die ^{1}H homonuclearen Kopplungskonstanten der beiden Glucose-Reste sind 7,8 Hz und wurden als die β-glucopyranose-Konfiguration charakterisiert, die durch die heteronucleare Kopplungskonstante ^{1}J (C-H) von jeweils 158 und 160 Hz bestätigt wurde. Die anomere Konfiguration der Rhamnose-Einheit kann nicht von der Größe der Kopplungskonstante von α- und β-Rhamnopyranose abgeleitet werden. Allerdings konnte anhand der charakteristischen Größe der heteronuclearen Kopplung Konstante ^{1}J (C-H) von 171 Hz die α-Konfiguration der Rhamnose bestätigt werden (Bock und Pedersen 1974; Hansen 1981). Die beiden Hexoseeinheiten konnten mit Hilfe von Literaturdaten als Glucose identifiziert werden.

Die HMBC-Korrelationen erlauben auch die Zuordnung der quartären C-Atome des Aglycons. Anhang 26 zeigt das HMBC-Spektrum des Myricetin-rhamnodiglucosids (CD_3OD, 600 MHz) bzw. Abbildung 31 präsentiert einen Abschnitt des HMBC-Spekrums, in dem die Korrelationen der anomeren Protonen H1´´, H1´´´ und H1´´´´ der Zucker-Reste gezeigt werden.

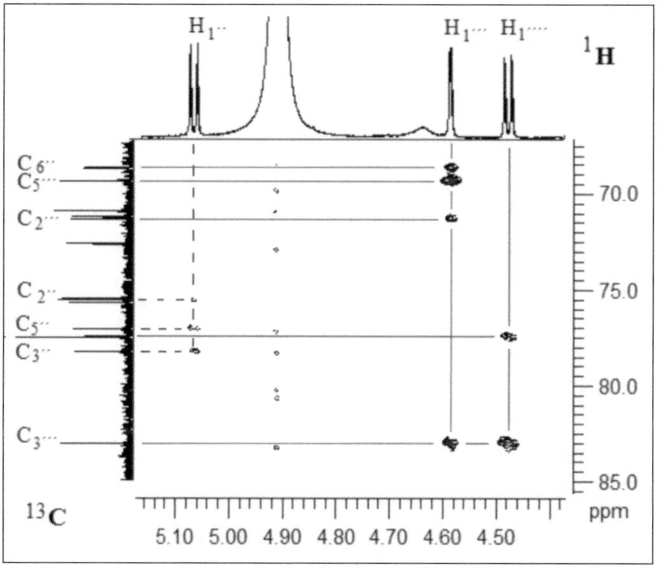

Abbildung 31: Abschnitt des HMBC-NMR-Spektrums des Myricetin-rhamnodiglucosids (CD_3OD, 600 MHz)

In dem ^{13}C-NMR-Spektrum (Anhang 27) gibt es 33 Signale, von denen 15 Myricetin als Aglykon bestätigen. Alle aromatischen Protonen und H-C Bindungen in den A-, B- und C-Aglykon-Ringen wurden mittels zweidimensionaler NMR-Spektren (HMBC, HMQC) zugeordnet.

Die individuellen Spinsysteme der einzelnen Zuckerbausteine und aromatischen Ringe in der Verbindung wurden aus einem zweidimensionalen HSQC-TOCSY-Experiment identifiziert, bei dem die ^{13}C-Atome aus dem gleichen Zucker-Ring festgestellt wurden. Abbildung 32 zeigt einen Ausschnitt aus dem HSQC-TOCSY-Spektrum, wobei die einzelnen Strukturbausteine des ersten und des terminalen Glucose-Restes durch ihre anomeren Proton-Korrelationen deutlich festgestellt werden konnten. Für die Rhamnose-Einheit war es notwendig, die Korrelationen mit den anderen Zucker-Protonen zu identifizieren (H-2´´´, H-3´´´ und H-4´´´).

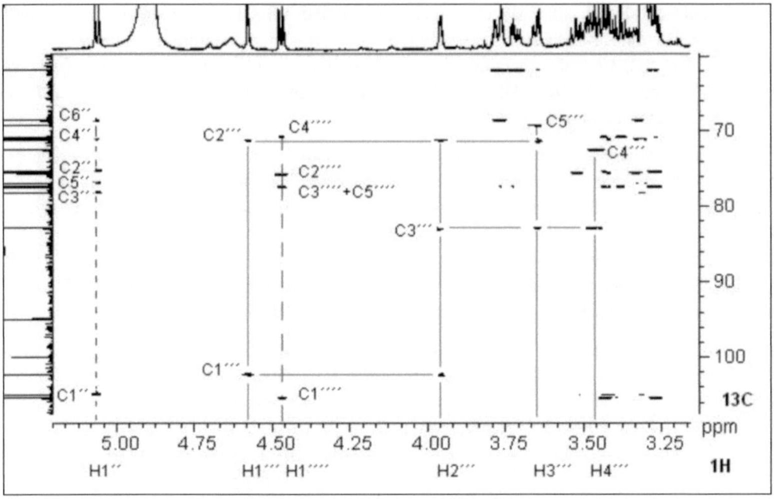

Abbildung 32: Abschnitt des HSQC-TOCSY-NMR-Spektrums von M–rdg in CD_3OD zeigt die ^{13}C-Verschiebung von Zuordnungen der einzelnen Zucker Einheiten.

Die Verknüpfung der Position der Zucker-Kette am Aglykon in die 3-O Position und deren Reihenfolge konnte aus vicinalen ^{13}C-^{1}H-Korrelationen im HMBC-Spektrum ermittelt werden (Tabelle 15), in denen Fernkorrelationen zwischen C-3/H-1´´, C-6´´/H-1´´´, C-1´´´/H-6´´A, C-1´´´/H-6´´B, C-3´´´/H-1´´´´ und C-1´´´´/H-3´´´ beobachtet wurden. Außerdem bestätigt das homonucleare ^{1}H-^{1}H-NOESY-Spektrum, dass H-6´´ mit H-1´´´ und H-3´´´, bzw. H-1´´´´ mit H-3´´´ und H-2´´ mit H-2´ korrelieren (Abbildung 33).

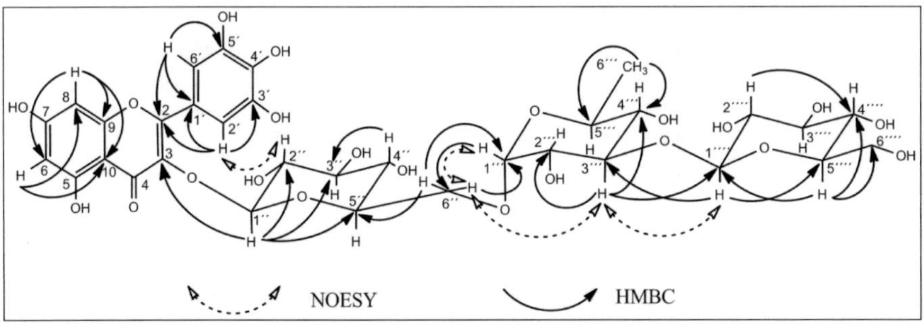

Abbildung 33: Beobachtete Fernkorrelationen in HMBC- und NOESY-Experimenten von M-rdg

Bei einer C-glykosidischen Bindung ist ein benachbartes Sauerstoffatom vorhanden, was ebenfalls einen Shift der entsprechenden Resonanz ins tiefere Feld bewirkt. Im ^{13}C-NMR-Spektrum finden sich die Resonanzen von C-6 und C-8 bei δ=100,1 ppm bzw. bei δ=95,0 ppm. Allerdings ist das Kohlenstoffatom C-3 aufgrund der Nachbarschaft von Sauerstoffatomen stärker entschirmt und somit ist das Signal weiter ins Tieffeld bei δ=135,8 ppm verschoben.

Aus dem DEPT-135 Spektrum (Anhang 28) ist es eindeutig, dass das Kohlenstoffatom bei 77,5 ppm nur ein Proton bindet. Auf der anderen Seite ergibt das HSQC-Spektrum, dass dieses Kohlenstoffatom mit zwei Protonen bei 3,45 und 3,27 ppm korreliert. Daher haben C-3´´´´ und C-5´´´´ in der endständigen Glucose die gleiche chemische Verschiebung von 77,5 ppm, wobei sie mit zwei Protonen H-3´´´´ bzw. mit H-5´´´´

korrelieren. Darüber hinaus wurden die H-5'''' und H-2'''' Signale im ^{1}H-Spektrum überlagert, demzufolge wurde die gesamte Breite des Multiplett-Signals mit Σ J =16,5 Hz gegeben.

Die genaue Struktur dieser Verbindung ist Myricetin-3-O-[β-D-glucopyranosyl- (1→3) - α-L-rhamnopyranosyl - (1→ 6) - β – D- glucopyranosid]. Nach der IUPAC-Nomenklatur wird es: 2- (3,4,5 - trihydroxyphenyl) - 3 - ({[6 - 0 - (3 - O - β – D-glucopyranosyl) - 6 - Desoxy - α - L -rhamnopyranosyl] - β - D - glucopyranosyl}oxy) - 5,7 - Dihydroxy - 4 - chromenone genannt (Abbildung 34).

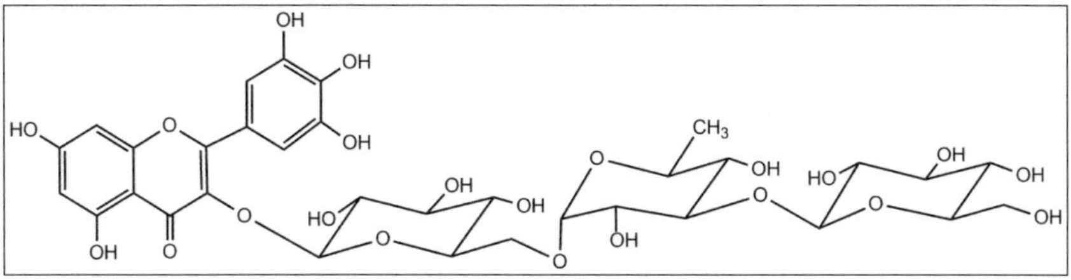

Abbildung 34: Myricetin-3-O-rhamnodiglucosid

3.6.4.3 M-rdg in weißen, grünen und schwarzen Tees

Es wurde festgestellt, dass 19 der 35 weißen Instant- und Blattteeproben Myricetin-rhamnodiglucosid in einer Konzentration von 38-277 mg/kg enthalten. Im grünen Tee wurden 32 Proben untersucht und 39-215 mg/kg M-rdg wurde in 20 Proben gefunden. Im Fall von schwarzem Tee wurden 5 Proben untersucht und ein Betrag von 53 mg/kg M-rdg konnte in einer Probe bestimmt werden (Anhänge 19-23).

Die 40 Teeproben, die Myricetin-3-O-rhamnodiglucosid enthalten, waren verschiedenen Ursprungs, 24 aus China, 4 aus Indien, 6 aus Japan und 6 unbekannter Herkunft (Tabelle 16). 32 Teeproben wiesen kein Myricetin-3-O-rhamnodiglucosid auf. Davon waren 10 aus China, 5 aus Indien, 1 aus Japan, 1 aus Vietnam und 15 unbekannter Herkunft (Tabelle 17).

Tabelle 16: Herkunft und Anzahl der Teeproben, die M-rdg enthalten

Herkunft	Tee	Anzahl	Sorte
China	WT	12	Pai Mu Dan, Tai Mu Begel, Silber und grüne Nadel
	GT	12	Jasmin, Fannings, Chun Mee
Indien	WT	2	White Oothu, Nilgiris
	GT	1	Darjeeling
	ST	1	Darjeeling
Japan	GT	6	Bancha, Kokeicha, Sencha, Gyokuro
Unbekannt	WT	5	
	GT	1	

Tabelle 17: Herkunft und Anzahl der Teeproben, die M-rdg nicht enthalten

Herkunft	Tee	Anzahl	Sorte
China	WT	6	Mao Feng, Ying Zhen, White Dragon, Dan Lei, Qing Yun,
	GT	2	Fannings, Yunnan
	ST	2	Yunnan, Fujian
Indien	WT	2	Korakundah Organic, Fannings
	GT	3	Darjeeling, Assam
Japan	GT	1	Genmaicha
Vietnam	GT	1	Sencha
Unbekannt	WT	8	
	GT	5	
	ST	2	

4 Zusammenfassung

Die vorliegende Arbeit beschäftigte sich mit der chemischen Zusammensetzung vom weißen Tee im Vergleich mit grünem Tee. Es wurden im Rahmen dieser Arbeit 30 weiße, 34 grüne und 5 schwarze Blatt-Tees unterschiedener Provenienz sowie auch 9 weiße bzw. 14 grüne Tee-Extrakte auf verschiedene Gruppen phenolischer Verbindungen (Flavanole, Proanthocyanidine und Flavanolglykoside), den Gesamtpolyphenolgehalt und den Theaningehalt untersucht. Hierbei wurden ISO-Standardmethoden für den Gesamtenphenolgehalt (ISO 14502-1, Folin-Ciocalteu-Assay) und die Bestimmung der Flavanole, Alkaloide und einiger phenolischer Säuren (ISO 14502-2, HPLC-DAD) eingesetzt. Die Bestimmung der Flavonolglykoside, Proanthocyanidine und Theanin erfolgte ebenfalls mittels HPLC.

Obwohl im Durchschnitt weißer Tee mit 22,8% mehr phenolische Verbindungen als grüner Tee mit 18,7% enthält, zeigen beide Tees keine signifikanten Unterschiede. Grüne Tees aus China und Indien weisen einen relativ geringeren Gehalt an Polyphenolen im Gegensatz zur den weißen Tees auf. Dies kann jedoch nur als Tendenz gewertet werden, da die Probenzahl relativ gering war.

Die Summe der fünf wichtigsten Catechine schwankt stark je nach der Sorte, Provenienz oder Verarbeitung der Tees und liegt in grünen und weißen Tees durchschnittlich (12,2% bzw. 12,9%) im gleichen Bereich. Der höhere Coffein- und TG-Gehalt und der geringere EGC-Gehalt im weißen Tee als im grünen Tee war ein starker Hinweis zur einige Differenzierung zwischen den beiden Tees. Anhand der Herkunft des Tees enthält Grüntee aus China einen geringeren Catechingehalt als andere Weiß- und Grüntees mit Ausnahme von Grüntees aus Japan. Verschiedene Verhältnisse von Alkaloiden und Catechinen der Tees wurden auf eine möglicherweise neue Abgrenzung von weißem und grünem Tee untersucht. Allerdings könnte das EGCG/EGC-Verhältnis nur bei der Bestimmung der Differenz zwischen den Teearten nach Anbaugebiet hilfreich sein. Allein aufgrund der unterschiedlichen Catechingehalte kann nicht verallgemeinert werden, ob es sich um einen Weiß- oder Grüntee handelt.

Für die quantitative Bestimmung von Proanthocyanidinen wurde in dieser Arbeit ein Relativer Response-Faktor auf der Basis der RRFs für Catechine gegenüber Coffein berechnet. Dies bringt einen erheblichen Vorteil, da Proanthocyanidine als Referenzsubstanzen kaum erhältlich sind. Die Methode wurde anhand von 10 Teeproben getestet. Für diese wenigen untersuchten Tees ergab sich, dass die Gehalte an Proanthocyanidinen im weißen Tee höher waren, ebenso diejenigen an Strictinin.

Die Theaningehalte wurden in weißen, grünen und schwarzen Tees ermittelt. Theaningehalte in Weiß- und Grüntees waren mit einem Gehalt von 1,12% bzw. 0,93% vergleichbar und machten das Doppelte von Theanin in Schwarztees (0,64%) aus.

Weitere Optimierungen der Extraktionsverfahren und der verwendeten HPLC-Säulen der Flavonolglykosid-Methode wurden durchgeführt. Um Kosten und Zeit zu sparen und eine bessere Trennung zu gewährleisten, wurden die Flavonolglykoside ohne säulenchromatographische Reinigung aus dem Tee extrahiert und mittels HPLC bestimmt. Weiße und grüne Tees unterscheiden sich als nicht fermentierte Tees von schwarzen Tees. Deutliche Unterschiede bestanden hinsichtlich des Anteils der Mono-, Di- und Triglykoside am Gesamtflavonolglykosidgehalt. Generell enthält Grüntee (5453 mg/kg) mehr FOGs als Weißtee (4071 mg/kg), wobei weiße und grüne Instant-Tees entsprechende Flavonolglykosidgehalte zeigen. Die Myricetin-, Quercetin- und Kämpferolglykosid-Anteile zeigen einige Unterschiede zwischen den Tees. Der Quercetinanteil macht den größten Teil des Gesamtflavonolglykosidgehaltes aus und ist im Schwarztee mit 49 % am höchsten. Die Myricetin-Derivate im weißen und grünen Tee sind ungefähr um ein Drittel höher als im schwarzen Tee. Der Triglykosid-Anteil des Flavonolglykosidgehaltes liegt im Gegensatz zum Mono- und Diglykosid-Anteil in Weiß- und Grüntees höher als im Schwarztee. Die Werte der untersuchten Teeproben schwanken stark je nach Sorte, Provenienz oder Verarbeitung der Tees. Grüner Tee aus China weist einen relativen hohen Gehalt an FOGs auf im Gegensatz zum weißen Tee, wobei die Teesorten aus Indien entsprechende FOG-Gehalte zeigen. Die Flavonolglykoside bzw. die Anteile der Aglykon-Derivate könnten als mögliche Tendenz zur Abgrenzung von Tees nach Anbaugebiet betrachtet werden.

Es gelang in dieser Arbeit, ein neues Flavonoltriglykosid aus weißem Tee zum ersten Mal nachzuweisen. Dies konnte nicht als Unterschiedskriterium zwischen weißen, grünen und schwarzen Tee herangezogen werden, da dieses auch im grünen und schwarzen Tee nachgewiesen werden konnte. Die Strukturaufklärung gelang durch HPLC-DAD, HPLC-ESI-MS und NMR-Spektroskopie (ein- und zweidimensionale Messungen: ^{1}H, ^{13}C, DEPT, HMBC, HMQC, NOESY und HSQC-TOCSY) als Myricetin-3-O-rhamnodiglucosid. Das Myricetin-rdg war in 40 Teeproben nachweisbar. Die Gehalte des Myricetin-3-O-rhamnodiglucosids sind in weißen und grünen Tees vergleichbar (38-277 bzw. 39-215 mg/kg) und übertrafen die vom schwarzen Tee (53 mg/kg).

5 Material und Methoden

5.1 Untersuchte Teeproben

5.1.1 Blatttee

Es wurden verschiedene Sorten von weißem, grünem und schwarzem Tee untersucht. Eine Doppelbestimmung von 30 weißen Teesorten (17 aus China, 5 aus Indien und 8 unbekannter Herkunft), 34 grüne Teesorten (16 aus China, 5 aus Indien, 7 aus Japan, 1 aus Vietnam und 5 unbekannter Herkunft) und 5 schwarze Teesorten (3 aus Indien und 2 aus China) wurde in dieser Arbeit durchgeführt.

Tabelle 18: Weiße Teeproben

Probe Nr	Herkunft	Bezeichnung	Trockenmasse[%]
1	Indien	Nilgiris, Nr.15-69708	95,4
2	China	Pai Mu Dan, Nr.6901	94,5
3	China	Pai Mu Dan, Nr. 6902	92,8
4	Indien	Nilgiris, Nr.16-210707	92,5
5	China	Pai Mu Dau, Nr.00509	92,5
6	China	Mao Feng, Nr.00519	91,7
7	China	Yin Zhen, Nr.00562	92,6
8	China	China weißer Tee, Nr.00569	92,4
9	China	Weißer Drache, Nr.00570	93,1
10	China	Tai Mu Begel, Nr.00571	91,3
11	China	Dan Lei, Nr.10998	93,0
12	China	Qing Yun, Nr.10999	92,9
13	n.a.	ML.4562	94,6
14	China	Silberne Nadeln A	92,3
15	China	Silberne Nadeln B	92,3
16	China	Pai Mu Dan, Nr.531	94,0
17	China	Fancy white peony, Nr.532	93,1
18	Indien	Südindien - White Oothu, Nr.349	93,3
19	n.a.	Base Nr.55367	92,4
20	n.a.	Silver Tips	91,9
21	n.a.	Gold Tips A	91,9
22	n.a.	Gold Tips B	92,9
23	n.a.	Velvet Tips	91,3
24	Indien	Korakundah Organic, Nr.03080906	93,5
25	China	Silberne Nadeln A, Blattee	92,3
26	China	Silberne Nadeln A, Kügelchen	92,3
27	n.a.	White Downy	93,8
28	n.a.	Pai Mu Dan SOS	92,9
29	China	White Tips, Jude Nadeln	94,0
30	Indien	Korakundah-Fannings	93,8

Tabelle 19: Grüne Teeproben

Probe Nr	Herkunft	Bezeichnung	Trockenmasse[%]
31	China	Grüne Nadeln A	93,8
32	China	Grüne Nadeln B	93,9
33	Vietnam	Sencha, Part. Nr. 7970, Plantage Lot. 230	94,1
34	China	Jasmin, Part. Nr. 8038, Plantage Std F 9401	93,6
35	Japan	Bancha, Part. Nr. 7850, Plantage ISK 9383	94,9
36	Japan	Kokeicha, Part. Nr.7931, Plantage ISK 9147	95,5
37	Japan	Sencha, Part. Nr. 7794, Plantage ISK 8974	95,5
38	Japan	Genmaicha, Part.Nr.8338, PlantageISK 8895	93,7
39	Japan	Macha, Part. Nr. 7930, Plantage ISK 8802	95,5
40	China	China green Fings	96,1
41	China	China green leaf	95,6
42	China	Dust, Zhejiang 95, Nr.52	93,8
43	China	Fannings, Zhejiang 96	93,6
44	China	Dust, Hunan 96	94,3
45	China	Fannings, Yunnan	94,8
46	Indien	Plantage Muster	94,1
47	Indien	Darjeeling	95,4
48	Japan	Gyokuro138, Part.Nr.8340, PlantageISK9366	94,2
49	Indien	Darjeeling, Plantage Muster	95,5
50	China	Fine super, Spezialität grün	94,0
51	China	Super Spezialität	93,9
52	China	Green spezial	94,7
53	China	Chun Mee Nr.75	94,5
54	Japan	Sencha Nr.76	94,8
55	n.a.	Grüner Tee	91,2
56	Indien	Plantage Muster	94,3
57	China	Base, Nr.29703	93,6
77	China	Chinese Gyokura	95,3
78	n.a.	JMS matcha	94,7
79	n.a.	Asahina-3 Matcha	96,8
80	n.a.	Asahina-4 Matcha	95,4
81	China	Chun Mee	94,9
82	Indien	Assam	96,8
92	n.a.	Green tea	94,0

Tabelle 20: Schwarze Teeproben

Probe Nr	Herkunft	Bezeichnung	Trockenmasse[%]
70	Indien	Darjeeling first flush, Plantagenmuster	95,5
71	Indien	Assam CTC, Mischmuster	94,3
72	Indien	Assam POB, Mischmuster	93,8
73	China	Yunnan	94,0
74	China	Fujian	93,1

5.1.2 Instant-Tee

Neben den Blatttees wurden in der vorliegenden Arbeit 9 weiße und 14 grüne Instant-Teeproben untersucht.

Tabelle 21: Weiße Instant-Teeproben

Probe Nr	Bezeichnung	Trockenmasse [%]
58	Batch, Nr.744	95,7
59	Batch, Nr.796	96,3
60	Batch, Nr.501	94,9
61	Batch, Nr.983	95,1
62	Batch, Nr.597	95,3
63	Instant, Nr.112	96,1
64	Instant, Nr.410	94,8
75	Instant, Nr.75	96,0
76	Instant, Nr.76	96,8

Tabelle 22: Grüne Instant-Teeproben

Probe Nr	Bezeichnung	Trockenmasse [%]
65	Instant, Nr.311	95,5
66	Instant, Nr.081	94,6
67	Instant, Nr.109	97,1
68	Instant, Nr.317	95,5
69	Instant, Nr.864	96,0
83	Extrakt G.08	95,1
84	Extrakt G.20	95,6
85	Extrakt G.31	94,2
86	Extrakt G.32	93,7
87	Extrakt G.34	94,2
88	Extrakt G.36	96,1
89	Extrakt G.38	95,5
90	Extrakt G.43	94,0
91	Extrakt G.98	96,2

5.2 Chemikalien

Aceton, reinst, Riedel-de-Haën

Acetonitril, HPLC, Acros

Catechin, Sigma-Aldrich

EDTA, Ethylendiamintetraacetat, ≥ 98%, Fluka

Essigsäure, 99-100% HPLC Qualität, Acros

Essigsäureethylester (Ethylacetat), p. A., Merck

Sephadex LH-20, Porengröße 10-25µm, Sigma-Aldrich

Strictinin, selbst isoliert

N,N-Dimethylformamid (DMF), ≥ 99,8% A.C.S. Spectrophotometric grade, Sigma-Aldrich

Natriumcarbonat, wasserfrei, Merck

Seesand, reinst, Merck

Glaswolle, Merck

n-Hexan, Fassware, Riedel-de-Haën

Methanol, Fassware, destilliert

Methanol, HPLC, Acros

d4-Methanol (MD_3OD), 99,8% Deuterierungsgrad, Merck

L(+)- Ascorbinsäure, Prolabo

Polyamid SC6, Korngröße 0,05-0,16 mm, Macherey-Nagel

Nanopure ® Wasser, Barnstead

1,4-Dioxan, HPLC, Acros

Folin-Ciocalteu-Reagenz, 2N, Fluka

Gallussäure-Monohydrat, purum ≥ 98%, HPLC, Fluka

Coffein, purum ≥ 99%, HPLC, Fluka

Myricetin-3-O-rhamnosid/Myricitrin, $C_{21}H_{20}O_{12}$, M = 464,36 g/mol, Roth

Quercetin-3-O-rutinosid/Rutin, $C_{27}H_{30}O_{16} \cdot 3\ H_2O$, M = 664,58 g/mol, Roth

Kämpferol-3-O-rhamnoglucosid, $C_{27}H_{30}O_{15}$, M = 594,5 g/mol, Roth

L-Theanin, Taiyo Kagaku

5.3 Geräteparameter

5.3.1 Säulenchromatographie

Säule A)

Säulengröße: 15 x 2 cm

Trennmedium: Polyamid SC 6 (Füllhöhe 13 cm)

Elutionsmittel: Methanol

Säule B)

Säulengröße: 30 x 3 cm

Trennmedium: Polyamid SC 6 (Füllhöhe 20 cm)

Elutionsmittel: Methanol

Säule C)

Säulengröße: 35 x 3,5 cm

Trennmedium: Sephadex LH-20 (Füllhöhe 32 cm)

Elutionsmittel: Methanol/Ethylacetat (1:1)

Fraktionssammler: Advaec SF-2120 (Super Fraction Collector, Japan)

Säule D) Polyamid-Kartusche:

Füllmenge: 1 g

Trennmedium: Polyamid

Elutionsmittel: 65% wässriges Aceton

5.3.2 Hochleistungsflüssigkeitschromatographie (HPLC)

a) Analytisch

Pumpe:	Binary Pump G1312A, Series 1100 (Hewlett-Packard GmbH, Waldbronn)
Autosampler:	ALS G 1329A, Series 1100 (Hewlett-Packard GmbH, Waldbronn)
Säulenofen:	G1316A, Series 1100 (Hewlett-Packard GmbH, Waldbronn)
Detektor:	DAD G1315A, Series 1100 (Hewlett-Packard GmbH, Waldbronn)
Datenverarbeitung:	ChemStation Software Version A.06.03 (Hewlett-Packard GmbH, Waldbronn)

b) Semipräparativ

Pumpe:	System Gold Programmable Solvent Module 116 (Beckman Instruments, San Ramon, USA)
Detektor:	System Gold Programmable Detektor Module 168 (Beckman Instruments, San Ramon, USA)
Steuereinheit:	PC-8300 (NEC, Tokyo, Japan)
Injektor:	Einspritzventil Beckman Altex, 1 oder 5 mL Schleife
Spritze:	Hamilton 1002 LTN HS (2,5 mL)
Datenverarbeitung:	IBM Personal System/2 Model 70 286 mit System Gold Personal Chromatography Software (Beckman Instruments, San Ramon, USA)

5.3.3 Elektrospray-Ionisierung-Massenspektrometer (HPLC-ESI-MS)

Massenspektrometer:	Esquire~LC-MS/MS Ion Trap mit Elektrospray-Ionisierung (ESI) (Bruker Daltonik GmbH, Bremen)
Pumpe:	Hewlett Packard System 1100 Binary Pump G1312A (Hewlett-Packard GmbH, Waldbronn)
Detektor:	Lichrograph L-4000/4200 UV-Detektor (Merck Hitachi, Tokyo, Japan)
Autosampler:	ALS G 1329A, Series 1200 (Agilent, Böblingen, Germany)
Integrator:	Chromatopac C-R 6A (Shimadzu, Düsseldorf)
Datenverarbeitung:	Esquire Control Software V. 4.5, Bruker Data Analysis V. 3.0 (Bruker Daltonik GmbH, Bremen)

5.3.4 Photometer

Gerät:	Shimadzu UV-2101PC UV-VIS Scanning Spectralphotometer
Küvetten:	Quarzglas (Hellma), Schichtdicke 10 mm, Ausmessung 282
Wellenlänge:	765 nm
Software:	UV-2101PC

5.3.5 NMR-Spektroskopie

Gerät:	Bruker DRX-400 und Bruker AV2-600
Messfrequenz:	400 - 600 MHz
Temperatur:	Raumtemperatur

Lösungsmittel: MeOH-d_4 (CD_3OD) 99,8% Deuterierungsgrad

Referenzsignal: ^{1}H: δ= 3,31 ppm, ^{13}C: δ= 49,05 ppm

Spektren: ^{1}H, ^{13}C, DEPT-135, HMBC, HMQC, NOESY, und HSQC-TOCSY; Verschiebung δ in ppm

Software: MestReC

5.3.6 Säulen für die HPLC und HPLC-ESI-MS

Analytisch:
Nucleosil 100 C18, 5µm (250 x 4,6 mm i.D.), Techlab (Erkerode, Deutschland)

ODS Hypersil 120A 3µm (250 x 4, 6 mm i.D.), Techlab (Erkerode, Deutschland)

Hypersil C18 5µm (250 x 4, 6 mm i.D.), Phenomenex (Aschaffenburg, Deutschland)

Aqua C18 125A 5µm (250 x 4,6 mm i.D.), Phenomenex (Aschaffenburg, Deutschland)

Aqua C18 125A 5µm (250 x 2 mm i.D.), Phenomenex (Aschaffenburg, Deutschland)

Luna Phenyl-Hexyl 5 µm (250 x 4.6 mm i.D.), Phenomenex (Aschaffenburg, Deutschland)

Präparativ:
Aqua C18 125A 5µm (250 x 21,2 mm), Phenomenex (Aschaffenburg, Deutschland)

Aqua C18 125A 5µm (250 x 10 mm), Phenomenex (Aschaffenburg, Deutschland)

Analytik-Vorsäule: Security Guard Cartridge für Analytik-System

Aqua 5µm (4 x 3 mm i.D.), Phenomenex (Aschaffenburg, Deutschland)

Phenyl (4 x 3 mm i.D.), Phenomenex (Aschaffenburg, Deutschland)

Nucleosil 100 5µm (4 x 3 mm i.D.), Macherey-Nagel (Düren, Deutschland)

Präparativ-Vorsäule: Security Guard Cartridge für Präparativ-System

Aqua 5µm (15 x 21,1 mm i.D.), Phenomenex (Aschaffenburg, Deutschland)

Aqua 5µm (10 x 10 mm i.D.), Phenomenex (Aschaffenburg, Deutschland)

5.3.7 Verwendete Fließmittelsysteme und Gradienten

a) Catechine

Fließmittel A: 9% Acetonitril, 2% Essigsäure, 20 µg/mL EDTA

Fließmittel B: 80% Acetonitril, 2% Essigsäure, 20 µg/mL EDTA

Flussrate: 1 mL/min

Messwellenlänge: 278 nm

Säulenofen: 35 °C

Injektionsvolumen: 20 µL

Trennsäule: Luna Phenyl-Hexyl 5µm (250 x 4,6 mm i.D.), mit Phenyl-Vorsäule (4 x 3 mm i.D.)

Gradient: 0% B 15 min isokratisch, in 15 min auf 32% B, 5 min isokratisch, in 1 min auf 100% B, 9 min mit 100% B spülen, in 1 min auf 0% B, 20 min konditionieren.

b) FOG-I (Lakenbrink 2000)

Fließmittel A: 2% Essigsäure

Fließmittel B: Acetonitril

Flussrate: 1 mL/min

Messwellenlänge: 354 nm

Säulenofen: 20 °C

Injektionsvolumen: 20 µL

Trennsäule: Nucleosil 5µm (250 x 4,6 mm i.D.) mit Nucleosil Vorsäule (4 x 3 mm i.D.)

Gradient: 6% B, in 28 min auf 17% B, in 25 min auf 20% B, 12 min isokratisch, in 1 min auf 100% B, 10 min spülen, im 1 min auf 6% B, 10 min equilibrieren.

c) FOG-II

Wie FOG-I, aber mit Aqua 5µm (250 x 4,6 mm i.D) Trennsäule und Aqua-Vorsäule (4 x 3 mm i.D.)

d) FOG-III

Wie FOG-I, aber mit ODS Hypersil 5µm (250 x 4,6 mm i.D.) Trennsäule und Nucleosil-Vorsäule (4 x 3 mm i.D.)

e) FOG-IV

Fließmittel: 2% Essigsäure / 1,4-Dioxan / Methanol (77/13/10, v/v/v)

Flussrate: 1 mL/min

Messwellenlänge: 354 nm

Säulenofen: 20 °C

Injektionsvolumen: 50 µL

Trennsäule: ODS Hypersil 5µm (250 x 4,6 mm i.D.) mit Nucleosil Vorsäule (4 x 3 mm i.D.)

Isokratisch

f) FOG-V (Präparativ)

Fließmittel: 2% Essigsäure in Acetonitril

Flussrate: 8 mL/min

Messwellenlänge: 354 nm

Säulenofen: 20 °C

Injektionsvolumen: 5 mL

Trennsäule: Aqua 5µm (250 x 21,2 mm i.D.) mit Aqua-Vorsäule (15 x 21,1 mm i.D.)

Isokratisch

g) FOG-VI (Präparativ)

Fließmittel A: 2% Essigsäure (aq)

Fließmittel B: Acetonitril

Flussrate: 4 mL/min

Messwellenlänge: 282 nm

Injektionsvolumen: 5 mL

Trennsäule: Aqua 5µm (250 x 10 mm i.D.) mit Aqua-Vorsäule (10 x 10 mm i.D.)

Gradient: 6% B, in 28 min auf 17% B, in 25 min auf 20% B, 12 min isokratisch, in 5 min auf 6% B, 10 min equilibrieren.

h) Proanthocyanidine

Fließmittel A: 2% Essigsäure

Fließmittel B:	Acetonitril
Flussrate:	0,8mL/min
Messwellenlänge:	280 nm
Säulenofen:	20 °C
Injektionsvolumen:	20 µL
Trennsäule:	ODS Hypersil 3µm (250 x 4,6 mm i.D.) mit Nucleosil Vorsäule (4 x 3 mm i.D.)
Gradient:	6% B, in 75 min auf 26% B, 10 min isokratisch, in 1 min auf 100% B, 10 min spülen, im 1 min auf 6% B, 10 min equilibrieren.

i) Theanin (Engelhardt und Simonides 2007)

Fließmittel A:	Nanopure ® Wasser
Fließmittel B:	Acetonitril
Flussrate:	0,25mL/min
Messwellenlänge:	210 nm
Säulenofen:	20 °C
Injektionsvolumen:	20 µL
Trennsäule:	Aqua 5µm (250 x 2 mm i.D.) mit Aqua-Vorsäule (4 x 3 mm i.D.)
Gradient:	0% B 10 min isokratisch, in 2 min auf 80% B, 8 min isokratisch, in 2 min auf 0% B, 18 min konditionieren.

5.4 Allgemeine Methoden

5.4.1 Probenvorbereitung

Für eine quantitative Bestimmung wurden alle Teeproben nach der Deutschen Norm DIN 10806 mittels einer Mühle (Janke & Kunkel, IKA Werk) gemahlen und durch ein Sieb mit einer Porengröße von 0,5 mm gesiebt. Nach der Extraktion wurden alle Teeextrakte mit einem Membranfilter mit einer Porengröße von 0,45 µm (Acrdisc Filters, Ø 25 mm) filtriert.

5.4.2 Trockenmasse

Die Bestimmung der Trockenmasse der gemahlenen Teeproben erfolgt im Trockenschrank bei (103±2) °C für 2 Stunden bis zur Massenkonstanz nach der Deutschen Norm DIN 10800.

5.4.3 Standardabweichung und Variationskoeffizient

Die Standardabweichungen der verwendeten Methoden wurden für Doppelbestimmungen nach folgender Gleichung (Doerffel 1987) berechnet:

$$S = \sqrt{\frac{\sum_{i}^{N}(A_i - B_i)^2}{2N}}$$

S	Standardabweichung
N	Anzahl der Proben
A_i , B_i	Einzelwerte der Doppelbestimmung einer Probe

Die relative Standardabweichung oder Variationskoeffizient wurde nach folgender Gleichung ermittelt:

$$VK = \frac{S*100}{\overline{X}}$$

VK	Variationskoeffizient
S	Standardabweichung
$\overline{X}$	Mittelwert aus N Doppelbestimmungen

5.4.4 Nachweis- und Bestimmungsgrenze

Die Nachweisgrenze stellt die kleinste Konzentration dar, unterhalb derer keine charakteristischen UV-Spektrum erhalten wurden. Die Bestimmungsgrenze zeigt die Konzentration, die gerade einer Peakhöhe das Fünffache des Grundrauschens ausmacht.

Die Nachweis- und Bestimmungsgrenzen wurden durch die entsprechende Standard-Eichgerade nach DIN 32645 bestimmt.

5.5 Bestimmung der Gesamtpolyphenolgehalte

Die Bestimmung des Gesamtpolyphenolgehaltes im Tee erfolgte nach einer photometrischen internationalen Standardmethode mittels Folin-Ciocalteu-Phenol Reagenz (ISO 14502-1 2005).

Prinzip

Das Prinzip der Bestimmung beruht auf der Reduktionskraft phenolischer Verbindungen. Leicht oxidierbare Verbindungen wie Polyphenole können im alkalischen Milieu aus Wolframat- und Molybdat-Ionen und Phosphorsäure gebildete Komplexe zu blauen Farbpigmenten reduzieren. Die Konzentration wird in Bezug auf Gallussäure als Kalibrierstandard photometrisch bei einer Absorption von 765 nm bestimmt.

Extraktion von Polyphenolen

Die Extraktion erfolgt nach (ISO 14502-1). 0,2 g gemahlene Teeprobe werden mit 5 mL 70% igem, 70 °C heißem Methanol für 10 min im Wasserbad auf 70 °C erhitzt. Zu Beginn der Extraktion, nach 5 min und am Ende wird der Extrakt gründlich durchgemischt. Am Ende wird der Extrakt auf Raumtemperatur abgekühlt und bei 3500 U/min für 10 min zentrifugiert. Der Überstand wird in einen 10 mL-Messkolben dekantiert und der Rückstand noch einmal genauso extrahiert. Der zweite Überstand wird dazu gegeben und bis zur Marke mit 70% igem Methanol aufgefüllt.

Instant-Tee

0,5 g Instant-Tee werden in 50 mL 40° C heißem Wasser gelöst.

Chemikalien

- Folin-Ciocalteu-Reagenzlösung: Folin-Ciocalteu-Reagenz wird 1:10 mit destilliertem Wasser verdünnt.

- Natriumcarbonat-Lösung (75g/L): 37,5 g Na_2CO_3 x 10 H_2O werden in 500 mL destilliertem Wasser gelöst.

- Gallussäure-Monohydrat-Stammlösung (1000µg/mL): 0,1 mg Gallussäure-Monohydrat (M=188,14) werden in 100 mL destilliertem Wasser gelöst. Von dieser täglichen frisch hergestellten Stammlösung werden fünf Standardlösungen (10/20/30/40 und 50 µg/mL) eingesetzt, wobei 1, 2, 3, 4 und 5 mL in einen 100 mL Messkolben pipettiert und mit destilliertem Wasser aufgefüllt werden.

Aufarbeitung

1 mL Tee-Extraktlösung (1:10 verdünnt) bzw. Gallussäure-Monohydrat-Standardlösungen bzw. destilliertes Wasser für den Blindwert werden je in 10 mL Messkolben pipettiert. Zu jedem wird 5 mL Folin-Ciocalteu-Reagenzlösung und nach drei bis acht Minuten 4 mL Natriumcarbonatlösung gegeben, gemischt und für 60 min bei Raumtemperatur stehen gelassen. Die Extraktion wird anschließend bei 765 nm photometrisch (Abschnitt 5.3.4) gemessen.

Berechnung

Der Gesamtpolyphenolgehalt, ausgedrückt als Prozent in Bezug auf die Trockenmasse der Probe, wird nach der Formel gegeben:

$$C = \frac{(D_{\mathrm{Prope}} - D_{Intercept}) * V * d}{S_{std} * EW_{\mathrm{Probe}} * TM * 100}$$

D_{Probe}	der Absorptionswert der Probe
$D_{\mathrm{Intercept}}$	y-Achsenabschnitt der Regressionsgeraden der Kalibrierung
V	Volumen des Methanolextraktes der Probe (mL)
d	Verdünnungsfaktor
EW_{Probe}	Einwaage der Probe (g)
S_{std}	Steigung der Geradengleichung
TM	Trockenmasse der Probe in Prozent

Der Linearitätsbereich liegt zwischen 10 und 50 µg/mL. Es wurde ein Korrelationskoeffizient von R^2= 0,999 erhalten.

Standardabweichung und Variationskoeffizient

Es werden gemäß der Gleichung im Abschnitt (5.4.3) die Standardabweichung und der Variationskoeffizient berechnet

5.6 Bestimmung der Catechine

Extraktion

Der Gesamtgehalt an Catechinen wird mit 70% Methanol bei 70° C nach der ISO-Norm für Tee aus der Teeprobe extrahiert (siehe Abschnitt 5.4). Es erfolgt eine 1:5 Verdünnung des methanolischen Extrakts mit Stabilisierungslösung. Die einzelnen Catechine werden mit Hilfe der HPLC auf einer Phenyl-Hexyl-Säule (Abschnitt 5.3.6) bei 278 nm detektiert. Für die Quantifizierung wird ein externer Coffein-Standard in Verbindung mit den Relativen Response-Faktoren (RRF) der einzelnen Catechine benutzt (siehe Anhang 4).

Chemikalien

Stabilisierungslösung: 10% Acetonitril, 0,5 mg/mL Ascorbinsäure, 0,5mg/mL EDTA.

Coffein-Stammlösung (2 mg/mL): 0,2 g Coffein werden in 100 mL warmem destillierten Wasser gelöst. Von dieser hergestellten Stammlösung werden 4 Standardlösungen (15/50/100 und 150 mg/L) eingesetzt, wobei 75, 500, 1000 und 1500 µL in einen 20 mL Messkolben pipettiert und mit Stabilisierungslösung aufgefüllt werden.

Berechnung

Es wird eine Kalibriergerade erstellt und die einzelnen Catechin-Konzentration werden unter Berücksichtigung der Trockenmasse der jeweiligen Probe als Prozent angegeben:

$$C = \frac{(A_{Probe} - A_{Intercept}) * V * d * RRF}{S_{std} * EW_{Probe} * TM * 100}$$

A_{Probe}	Peakfläche der Catechine
$A_{Intercept}$	y-Achsenabschnitt der Regressionsgeraden
S_{std}	Steigung der Geradengleichung
EW_{Probe}	Einwaage der Probe (g)
d	Verdünnungsfaktor
V	Extraktionsvolumen der Probe (mL)
TM	Trockenmasse [%]
RRF	Relativer Response-Faktor der jeweiligen Catechine

Standardabweichung und Variationskoeffizient

Berechnung gemäß der Gleichung im Abschnitt (5.4.3).

5.7 Bestimmung von Proanthocyanidinen und Strictinin

Teeproben

Für ein allgemeines Screening der Proanthocyanidine und Strictinin wurden 5 weiße Tees (Nr. 14, Nr. 18, Nr. 19, Nr. 20 und Nr. 31) und 5 grüne Tees (Nr. 42, Nr. 47, Nr. 48, Nr. 54 und Nr. 55) mit Doppelbestimmung untersucht.

Extraktion

5 g der gemahlenen Teeprobe werden mit 100 mL 70% igem Aceton für 1 Stunde bei Raumtemperatur extrahiert. Der Extrakt wird über eine Nutsche (Papierfilter Schleicher & Schuell, Dassel, ∅ 70 mm) filtriert. Der Rückstand wird wie oben zweimal mit jeweils 75 mL 70%igem Aceton extrahiert. Die vereinigten Filtrate werden am Rotationsverdampfer eingeengt und gefriergetrocknet. Zur Phasentrennung werden 0,5 g des Lyophilisats in 40 mL Ethanol gelöst. Dann werden 40 mL Hexan in 4 min unter Rühren zugegeben und dann bei 3500 U/min für 10 min zentrifugiert. Das Filtrat wird am Rotationsverdampfer bei 40 °C eingeengt, in einen 50 mL Messkolben überführt und mit Wasser bis zur Marke aufgefüllt.

Polyamid-Säulenchromatographie

Die Polyamid-Kartusche (Abschnitt 5.3.1.D) wird mit 10 mL Wasser, 5 mL Methanol und 20 mL Wasser konditioniert. 5 mL des Extraktes werden auf die Polyamid-Kartusche gegeben, mit 20 mL 2%ig essigsaurem Methanol und mit 40 mL reinem Methanol gewaschen. Danach werden die Proanthocyanidine mit 20 mL 65%igem wässrigem Aceton eluiert. Das Eluat wird am Rotationsdampfer eingeengt, in einen 5 mL Messkolben überführt und mit Wasser bis zur Marke aufgefüllt. Nach Membranfiltration wird die Probenlösung zur HPLC eingesetzt. Die verwendeten Fließmittelsysteme und der Gradient sind in Abschnitt (5.3.7.h) beschrieben.

Chemikalien

Zur Erstellung der Kalibriergeraden werden Strictinin, Coffein und Catechin als Standards eingesetzt. Es werden von jeder Standardlösung mindestens 4 Kalibrierpunkte aufgenommen, wobei der Konzentrationsbereich für Catechin-, Coffein- und Strictinin-Standard bei 13,2-265 mg/L, 0,21-56,2 mg/L und 15,3-128,7 mg/L liegt.

Berechnung

Der identifizierte individuelle Proanthocyanidiningehalt im Tee, ausgedrückt in Prozent, wird durch die folgende Formel gegeben:

$$C = \frac{(A_{\text{Probe}} - A_{Intercept}) * V * 100}{S_{std} * EW_{\text{Probe}} * TM} \quad \text{(a)}$$

C	Konzentration (mg/kg)
A_{Probe}	die Fläche unter der Proanthocyanidin-Spitze
$A_{\text{Intercept}}$	y-Achsenabschnitt der Regressionsgeraden der Kalibrierung
S_{std}	Steigung der Geradengleichung
EW_{Probe}	Einwaage der Probe (g)
V	Extraktionsvolumen der Probe (mL)
TM	Trockenmasse [%]

Zur Kalibrierung unter Verwendung von Coffein- oder Catechin-Standards erfolgt die Berchnung des Gehaltes mit der nachstehenden Gleichung, wobei KF des entsprechenden Umrechnungsfaktors in Bezug auf RRF für die individuellen Proanthocyanidine, berechnet für Catechin- und für Coffein-Standard, ist (siehe Tabelle 8). Für Strictinin wurde hier kein KF benutzt.

$$C = \frac{(A_{\text{Probe}} - A_{Intercept}) * KF * V * d * 100}{S_{std} * EW_{\text{Probe}} * TM} \quad \text{(b)}$$

Standardabweichung und Variationskoeffizient

Die Standardabweichungen und die Variationskoeffizienten für Proanthocyanidine und Strictinin werden nach der in Abschnitt (5.4.3) beschriebenen Gleichung berechnet.

5.8 Bestimmung von Theanin

Prinzip

Theanin wird auf einer Aqua RP-18 Säule mit Wasser als Lösungsmittel von den anderen Aminosäuren im Tee getrennt und bei 210 nm detektiert. Für den Schutz der Säule ist ein Aufreinigungsschritt auf einer PA-Säule notwendig. Alternativ kann die Säule am Ende jedes Laufes mit Acetonitril gespült werden.

Extraktion

1 g der gemahlenen Teeprobe wird mit 100 mL kochendem Wasser für 5 min unter Rühren extrahiert. Der Extrakt wird über eine Nutsche (Papierfilter Schleicher & Schuell, Dassel, ∅70 mm) filtriert, in einen 100 mL Messkolben überführt und mit Wasser bis zur Marke aufgefüllt. Für Instant-Tee wird nur 0,5 g wie oben beschrieben für die Theanin-Bestimmung eingesetzt. Die Extrakte werden membranfiltriert und mittels HPLC (Abschnitt 5.3.7.i) untersucht.

Berechnung

Für die Quantifizierung wird eine Kalibriergerade mit L-Theanin im Bereich von 5-200 mg/L Wasser erstellt. Zur Berechnung der Konzentration des Theanins in Prozent wird unter Berücksichtigung der Einwaage, der Trockenmasse, des Volumens folgende Gleichung erhalten:

$$C = \frac{(A_{Probe} - A_{Intercept}) * d}{S_{std} * EW_{Probe} * V * TM}$$

A_{Probe}	Peak-Fläche des Theanins
$A_{Intercept}$	y-Achsenabschnitt der Regressionsgeraden der Kalibrierung
S_{std}	Steigung der Geradengleichung
EW_{Probe}	Einwaage der Probe (g)
V	Extraktionsvolumen der Probe (mL)
d	Verdünnungsfaktor
TM	Trockenmasse [%]

Standardabweichung und Variationskoeffizient

Die Berechnung erfolgt gemäß der Gleichung im Abschnitt (5.4.3).

5.9 Bestimmung von Flavonolglykosiden

Extraktion

1 g der gemahlenen Teeprobe wird genau eingewogen und mit 200 mL destilliertem Methanol für 15 Minuten bei 40°C im warmen Wasserbad extrahiert. Der Extrakt wird über eine Nutsche (Papierfilter Schleicher & Schuell, Dassel, ∅ 70 mm) filtriert. Der Rückstand wird wie oben zweimal mit jeweils 75 mL 70% igem Methanol extrahiert. Die vereinigten Filtrate werden am Rotationsverdampfer soweit eingeengt, bis die Lösung methanolfrei ist. Der methanolfreie Rückstand wird mit Wasser quantitativ in einen 50 mL Messkolben überführt und mit Wasser bis zur Marke aufgefüllt.

Vorquellen des Polyamids

1,2 kg Polyamid SC 6 werden mit ca. 8 L Wasser und 1,5 L Methanol (Fassware, destilliert) versetzt, gut durchgemischt und über Nacht stehengelassen. Der Überstand wird entfernt, der Vorgang nach Methanolzugabe zweimal wiederholt und das Polyamid unter Methanol stehengelassen. Vor der Verwendung muss gut durchgeschüttelt werden (Finger 1991).

Polyamid-Säulenchromatographie

Eine Glassäule (15 x 2 cm i.D.) wird mit Glaswolle (Merck, Darmstadt), Seesand, vorgequollenem Polyamid (Füllhöhe: 13 cm) und Glaswolle beschickt (Abschnitt 5.3.1.A). Dann wird die Säule mit 500 mL destilliertem Wasser vorkonditioniert.

Aufarbeitung

Der methanolfreie Extrakt bzw. der wässrige Instant-Teeextrakt wird auf die mit 250 mL Wasser konditionierte PA-Säule gegeben. Dann wird mit 250 mL Wasser gewaschen, die Waschflüssigkeit verworfen; danach werden mit 500 mL Methanol die FOG eluiert. Die Eluate werden jeweils fast zur Trockne eingeengt (40 °C), mit 4 mL DMF in einen 10 mL Messkolben überführt und mit Wasser bis zur Marke aufgefüllt. Nach der Membranfiltration werden die erhaltenen Probelösungen zur HPLC eingesetzt. Für die Bestimmung der Flavonolglykoside wird die beschriebene FOG II Methode in Abschnitt (5.3.7.c) benutzt. Die oben beschriebene FOG-Extraktion wurde optimiert. Es wurde auf den Aufreinigungsschritt auf der Polyamid-Säule verzichtet.

Berechnung

Eine Eichgerade wird mit Rutin, Kämpferol-3-rhamnoglucosid und Myricitrin im Bereich von 1-45 mg/L in Wasser, als Aglykon berechnet, erstellt.
Rutin, Roth, $C_{27}H_{30}O_{16}$, MG: 610, 50 g/mol (Quercetin-3-rhamnoglucosid)
Kämpferol-3-rhamnoglucosid, Roth, $C_{27}H_{30}O_{15}$, MG: 582, 51 g/mol
Myricitrin, Roth, $C_{21}H_{20}O_{12}$, MG: 464, 36 (Myricetin-3-rhamnosid)
Umrechnung vom Glykosid zum Aglykon:

$$\text{Aglykon (mg)} = \frac{\text{Einwaage}_{\text{Glykosid}} * \text{MG}_{\text{Aglykon}}}{\text{MG}_{\text{Glykosid}}}$$

$\text{MG}_{\text{Quercetin}}$:	302,24 g/mol
$\text{MG}_{\text{Kämpferol}}$:	286,24 g/mol
$\text{MG}_{\text{Myricetin}}$:	318,24 g/mol

Für Kämpferol-3-rhamnoglucosid, Rutin und Myricitrin ergab sich bei der Erstellung der Kalibriergeraden jeweils ein Korrelationskoeffizient (R^2) von 1 bis 0,998.

Unter Berücksichtigung der Einwaage, der Trockenmasse der Probe, des Volumens und Verdünnungsfaktors wird die Konzentration der Flavonolglykoside berechnet:

$$C = \frac{(A_{\text{Probe}} - A_{\text{Intercept}}) * V * d * 100}{S_{std} * EW_{\text{Probe}} * TM}$$

C	Konzentration (mg/kg)
A_{Probe}	Fläche des jeweiligen Flavonolglykosidpeaks
$A_{\text{Intercept}}$	y-Achsenabschnitt der Regressionsgeraden der Kalibrierung
S_{std}	Steigung der Geradengleichung
EW_{Probe}	Einwaage der Probe (g)
d	Verdünnungsfaktor
V	Extraktionsvolumen der Probe (mL)
TM	Trockenmasse [%]

Standardabweichung und Variationskoeffizient

Die Standardabweichungen und die Variationskoeffizienten für Flavonolglykoside werden nach der in Abschnitt (5.4.3) beschriebenen Gleichung berechnet.

5.9.1 Trennung von Rutin und Kämpferol-grg

Für die quantitative Bestimmung von Rutin und Kämpferolglucorhamnogalactosid werden die unter (5.9) beschriebenen methanolischen Extrakte verwendet. Die Trennung erfolgt mittels eines isokratischen Systems und der FOG-IV-Methode (Abschnitt 5.3.7.e).

Zur Erstellung der Kalibriergeraden werden die gleichen Rutin- und Kämpferol-3-rhamnoglucosid-Standardlösungen (Abschnitt 5.9) verwendet und mittels HPLC analysiert. Die Berechnung erfolgt wie unter (5.9).

5.9.2 Isolierung und Strukturaufklärung eines Flavonoltriglykosids aus einem weißen Tee

Probe

Weißer Tee: Nr.14 aus China (Silberne Nadeln A)

Extraktion

5 g der gemahlenen Probe werden mit 250 mL destilliertem Methanol für 15 Minuten bei 40°C im warmen Wasserbad extrahiert. Der Extrakt wird über eine Nutsche (Papierfilter Schleicher & Schuell, Dassel, ∅ 70 mm) filtriert. Der Rückstand wird wie oben zweimal mit jeweils 100 mL 70%igem Methanol extrahiert. Die vereinigten Filtrate werden am Rotationsverdampfer soweit eingeengt, bis die Lösung methanolfrei ist. Der methanolfreie Rückstand wird mit Wasser quantitativ in einen 50 mL Messkolben überführt und mit Wasser bis zur Marke aufgefüllt. Insgesamt wurden 80,77 g Tee auf diese Weise extrahiert.

Aufreinigung auf einer Polyamidsäule

Bei der Vorbereitung des Polyamids und der Herstellung der Polyamidsäulen wird, wie unter (5.9) beschrieben, verfahren. Je 25 mL des Extraktes werden auf die mit 500 mL Wasser konditionierte Polyamidsäule (Abschnitt 5.3.1.B) gegeben und mit 200 mL Wasser gewaschen; dann mit 500 mL Methanol eluiert. Das Eluat wird am Rotationsdampfer eingeengt, gefriergetrocknet und zur weiteren Fraktionierung an Sephadex LH-20 eingesetzt.

Fraktionierung an Sephadex LH-20

1 g des gefriergetrockneten Rückstandes der Polyamidsäule wird in 10 mL Methanol/Ethylacetat (1:1) gelöst und auf die mit diesem Lösemittelgemisch konditionierte Sephadex LH-20-Säule (Abschnitt 5.3.1.C) aufgegeben. Die erste Fraktion (200 mL) wird verworfen und die zweite Fraktion (200 mL) wird am Rotationsdampfer eingeengt und gefriergetrocknet. Insgesamt wurden ca.16 g des gefriergetrockneten Rückstandes des Polyamids säulenchromatographisch getrennt und die zweite Fraktion vereinigt.

Semipräparative HPLC

Nach den Ergebnissen mittels der analytischen HPLC (5.3.7. FOG II Methode) ist eine weitere Aufreinigung mittels präparativer HPLC erforderlich. Dazu werden zwei präparative HPLC-Systeme FOG-V und FOG-VI, die im Abschnitt (5.3.7.f und .g) beschrieben werden, benutzt, um Myricetintriglykoside aus dem entstehenden Lyophilisat zu isolieren.

Identifizierung

HPLC-DAD: Abschnitt (5.3.2.a)

HPLC-ESI-MS: Abschnitt (5.3.3)

NMR: Abschnitt (5.3.5). Es werden 1D- und 2D-Messungen benötigt, um die genaue Struktur aufzuklären.

6 Literatur

Agrawal, P.K. (1992) NMR spectroscopy in the structural elucidation of oligosaccharides and glycosides. *Phytochemistry* **31**, 3307-3330.

Alcazar, A., Ballesteros, O., Jurado, J.M., Pablos, F., Martin, M.J., Vilches, J.L. and Navalon, A. (2007) Differentiation of green, white, black, oolong, and pu-erh teas according to their free amino acids content. *J. Agric. Food Chem.* **55**, 5960-5965.

Anesini, C., Ferraro, G.E. and Filip, R. (2008) Total polyphenol content and antioxidant capacity of commercially available tea (Camellia sinensis) in Argentina. *J. Agric. Food Chem.* **56**, 9225-9229.

Ara, G., Gupta, J., Afzal, M., Beg, T. and Siddique, Y.H. (2008) A Review on the Beneficial Effects of Tea Polyphenols on Human Health. *Int. J. Pharmacol.* **4**, 314-338

Bagchi, D., Bagchi, M., Stohs, S.J., Dipak, K., Ray, S.D., Kuszynski, C.A., Joshi, S.S. and Pruess, H.G. (2000) Free radicals and grape seed proanthocyanidin extract: importance in human health and disease prevention. *Toxicology.* **148**, 187-197.

Balentine, D.A., Wiseman, S.A. and Bouwens, L.C. (1997) The chemistry of tea flavonoids. *Critical Reviews in Food Science and Nutrition.* **37**, 693-704.

Banerjee, B. and Chaudhuri, T.C. (2005) *Medicinal properties of tea*. New Delhi: Oxford & IBH Publishing Co. Pvt. Ltd.

Bast, A. (1990) Food, poison and drug: radically equal. *Pharmaceutisch Weekblad.* **125**, 508-518.

Bate-Smith, E.C. (1977) Astringent tannins of *Acer* species. *Phytochemistry.* **16**, 1421-1426.

Bitsch, R. (1999) Pflanzliche Phenole und ihre gesundheitliche Wirkung. *Vita. Min. Spur.* **14**, 16-20.

Bock, K. and Pedersen, C. (1974) A study of ^{13}CH coupling constants in hexopyranoses. *J. Chem. Soc.* Perkin Trans. 2, 293-297.

Bonina, F., Lanza, M., Montenegro, L., Puglisi, C., Tomaino, A., Trombetta, D., Castelli, F. and Saija, A. (1996) Flavonoids as potential protective agents against photo-oxidative skin damage. *Int. J. Pharmaceutics.* **145**, 87-94.

Braca, A., Bilia, A.R., Mendez, J. and Morelli, I. (2001) Myricetin glycosides from Licania densiflora. *Fitoterapia* **72**, 182-185.

Bundesinstitut für Risikobewertung (BfR), (2003) Getränke mit isoliertem L-Theanin, URL: http://www.bfr.bund.de/cm/208/getraenkemit_isoliertem_l_theanin.pdf.

Cabrera, C., Giménez, R. and López, M.C. (2003) Determination of tea components with antioxidant activity. *J. Agric. Food Chem.* **51**, 4427-4435.

Caderni, G., Remy, S., Cheynier, V., Morozzi, G. and Dolara, P. (1999) Effect of complex polyphenols on colon carcinogenesis. *Eur. J. Nutr.* **38**, 126-132.

Calzuola, I., Gianfranceschi, G.L. and Marsili, V. (2006) Comparative activity of antioxidants from wheat sprouts, Morinda citrifolia, fermented papaya and white tea. *Food Sci. Nut.* **57**, 168-177.

Carlson, J.R., Bauer, B.A., Vincent, A., Limburg, P.J. and Wilson, T. (2007) Reading the tea leaves: anticarcinogenic properties of [-] epigallocatechin-3-gallate. *Mayo. Clin. Proc.* **82**, 725-732.

Carter, O., Wang, R., Dashwood, W.M., Orner, G.A., Fischer, K.A., Lohr, C.V., Pereira, C.B., Bailey, G.S., Williams, D.E. and Dashwood, R.H. (2007) Comparison of white tea, green tea, epigallocatechin-3-gallate, and caffeine as inhibitors of PhIP-induced colonic aberrant crypts. *J. Nut. and Cancer* **58**, 60-65.

Clifford, M. (2001) A nomenclature for phenols with special reference to tea. *Food Sci. & Nut.* **41**, 393-397.

Collier, P.D., Bryce, T., Mallows, R., Thomas, P.E., Frost, D.J., Korver, O. and Wilkins, C.K. (1973) Theaflavins of black tea. *Tetrahedron.* **29**, 125-142.

Cooper, R., Likimani, T.A., Morrd, D.J. and Morrd, D.M. (2007) Catechins and caffeine in tea: A Review of Health Risks and Benefits. In: Smith, B.D., Gupta, U., Gupta, B.S. (eds.) Caffeine and Activation Theory. *CRC Press, Boca Raton:* 351-364.

Cos, P., De Bruyne, T., Hermans, N., Apers, S., Vanden Berghe, D. and Vlietinck, A.J. (2004) Proanthocyanidins in health care: Current and new trends. *Current Medicinal Chemistry.* **11**, 1345-1359.

Cuyckens, F., Rozenberg, R., De Hoffmann, E. and Claeys, M. (2001) Structure characterization of flavonoid O-diglycosides by positive and negative nano-electrospray ionization ion trap mass spectrometry. *J. Mass Spectrom.* **36**, 1203-1210.

Dashwood, R.H. (2002) White tea - a new cancer inhibitor. *J. Foods & Food Ingredients* **200**, 19-26.

Dashwood, W.M., Omer, G.A. and Dashwood, R.H. (2002) Inhibition of β-catenin/Tcf activity by white tea, green tea, and epigallocatechin-3-gallate (EGCG): minor contribution of H_2O_2 at physiologically relevant EGCG concentrations. *Biochem. Biophys. Res. Commun.* **296**, 584-588.

Degenhardt, A., Knapp, H. and Winterhalter, P. (2000) Separation and purification of anthocyanins by high-speed countercurrent chromatography and screening for antioxidant activity. *J. Agric. Food Chem.* **48**, 338-343.

Desai, M.J. and Armstrong, D.W. (2004) Analysis of derivatized and underivatized theanine enantiomers by high-performance liquid chromatography/atmospheric pressure ionization- mass spectrometry. *Rapid Commun. Mass Spectrom.* **18**, 251-256.

Di Carlo, G., Mascolo, N., Izzo, A.A. and Capasso, F. (1999) Flavonoids: old and new aspects of a class of natural therapeutic drugs. *Life Sci.* **65**, 337-353.

Dimpfel, W., Kler, A., Kriesl, E. and Lehnfeld, R. (2007) Theogallin and L-theanine as active ingredients in decaffeinated green tea extract: I. Electrophysiological characterization in the rat hippocampus in-vitro. *J. Pharm. Pharmacol.* **59**, 1131-1136.

DIN 32645, URL: http://www.rzuser.uni-heidelberg.de/~df6/themenpark/kalibration.htm.

DIN 10806, Amtl. Sammlung-LFBG (1992) Amtliche Sammlung von Untersuchungsverfahren nach: § 64 LFBG, L 47.00-2:1992-06: Untersuchung von Tee Herstellung einer gemahlenen Probe mit definierter Trockenmasse.

DIN 10800, Deutsches Institut für Normung (1992): Untersuchung von Tee und Tee-Erzeugnissen – Bestimmung des Trockenmassegehaltes.

Dixon, R.A., Sharma, S.B. and Xie, D. (2005) Proanthocyanidins: a final frontier in Flavonoid research? *New Phytol.* **165**, 9-28.

Doerffel, K. (1987) *Statistics in Analytical Chemistry*. Weinheim: Fed. Rep. Ger.

Duh, P.D., Yen, G.C., Yen, W.J., Wang, B.S. and Chang, L.W. (2004) Effects of pu-erh tea on oxidative damage and nitric oxide scavenging. *J. Agric. Food Chem.* **52**, 8169-8176.

Dulloo, A.G., Duret, C., Rohrer, D., Girardier, L., Mensi, N., Fathi, M., Chantre, P. and Vandermander, J. (2000) Efficacy of a green tea extract rich in catechin polyphenols and caffeine in increasing 24-h energy expenditure and fat oxidation in humans. *Am. J. Clin. Nutr.* **72**, 1232-1234.

Engelhardt, H.U. and Hilal, Y. (2008) Weißer Tee - Koffeinfrei und besser als alle anderen? *Umwelt & Gesundheit* **4**, 121-123.

Engelhardt, U. H. (1998) Polyphenole in Tee. Wissenschaftlicher Informationsdienst Tee. *Deutsches Tee-Institut* Frühjahr 1998.

Engelhardt, U. H. (1999a) Grüner und schwarzer Tee - Gemeinsamkeiten und Unterschiede. Wissenschaftlicher Informationsdienst Tee. *Deutsches Tee-Institut Frühjahr 1999.*

Engelhardt, U.H. (1999b) Inhaltsstoffe und Wirkungen des grünen und schwarzen Tees. *Lebensmittelchemie* **53**, 140-141.

Engelhardt, U.H. (2007) Authenticity of tea (C. sinensis) and tea products. *ACS Symp. Ser.* **952**, 138-146.

Engelhardt, U.H., Finger, A., Herzig, B. and Kuhr, S. (1992) Determination of Flavonol Glycosides in Black Tea. *Deutsche Lebensmittelrundschau.* **88**, 69-73.

Engelhardt, U.H., Finger, A. and Kuhr, S. (1993) Determination of flavone C glycosides in tea. *Z. Lebensm. Unters. -Forsch.* **197**, 239-44.

Engelhardt, U.H., Lakenbrink, C. and Pokorny, O. (2004) Proanthocyanidins, bisflavanols, and hydrolyzable tannins in green and black teas. *ACS Symp. Ser.* **871**, 254-264.

Engelhardt, U.H. and Simonides, M. (2007) Schnellmethode zur Bestimmung von Theanin in Tee. *Lebensmittelchemie* **61**, 139-140.

Feldheim, W. (2001) Theanin - eine Verbindung besonderer Art im Tee. Wissenschaftlicher Informationsdienst Tee. *Deutsches Tee-Institut Frühjahr 2001.*

Feldheim, W., Yongvanit, P. and Cummings, P.H. (1986) Investigation of the presence and significance of theanine in the tea plant. *J. Sci. Food Agric.* **37**, 527-234.

Finger, A. (1991) *Flavonol und Flavonglykoside des Tees*. Dissertation. Technische Universität Braunschweig.

Finger, A. and Engelhardt, U.H. (1991) Flavonol glycosides in tea - kaempferol and quercetin rhamnodiglucosides. *J. Sci. Food Agric.* **55**, 313-321.

Finger, A., Engelhardt, U.H. and Wray, V. (1991) Flavonol triglycosides containing galactose in tea. *Phytochemistry* **34**, 2057-2060 .

Forkmann, G. and Heller, W. (1999) Biosynthesis of flavonoids. In: Sankawa, U. (ed.) Comprehensive Natural Products Vol. 1: *Polyketids and other secondary metabolites including fatty acids and their derivatives*. Elsevier, Amsterdam: 713-748.

Formica, J.V. and Regelson, W. (1995) Review of the biology of quercetin and related bioflavonoids. *Food Chem. Toxicol* . **33**, 1061-1080.

Forrest, G.I. and Bendall, D.S. (1969) The distribution of polyphenols in the tea plant (Camellia sinensis L.). *Biochem. J.* **113**, 773-781.

Fugmann, B., Lang-Fugmann, S. und Steglich, W. (1997) *Römpp Lexikon Naturstoffe*. Stuttgart-New York: George Thieme Verlag.

Gawlik, M. and Czajka, A. (2007) The effect of green, black and white tea on the level of α and γ tocopherols in free radical-induced oxidative damage of human red blood cells. *Acta Poloniae Pharmaceutica - Drug Research* **64**, 159-164.

Graf, B.A., Milbury, P.E. and Blumberg, J.B. (2005) Flavonols, flavones, flavanones, and human health: epidemiological evidence. *J. Med. Food.* **8**, 281-290.

Gross, G.G., Hemingway, R.W. and Yoshida, T. (1998) *Plant Polyphenols 2, Chemistry, Biology, Pharmacology, Ecology*. Basic Life Sciences 66, Kluwer/Plenum 1999.

Halliwell, B. (1994) Free radicals, antioxidants, and human disease: curiosity, cause, or consequence? *Lancet.* **344**, 721-724.

Hansen, P.E. (1981) Carbon–hydrogen spin–spin coupling constants. *Progress in Nuclear Magnetic Resonance Spectroscopy* **14**, 175-296.

Harborne, J.B. (1988) The flavonoids: advances in reserch since 1980. Chapman and Hall.

Hashimoto, F., Nonaka, G. and Nishioka, I. (1987) Tannins and related compounds. LVI. Isolation of four new acylated flavan-3-ol from Oolong tea (1). *Chem. Pharm. Bull.* **35**, 611-616.

Hashimoto, F., Nonaka, G. and Nishioka, I. (1992) Tannins and related compounds. CXIV. Structures of novel fermentation products, theogallinin, theaflavonin and desgalloyl theaflavonin from black tea, and changes of tea leaf polyphenols during fermentation. *Chem. Pharm. Bull.* **41**, 1383-1389.

Hashimoto, T., Goto, T., Sakakibara, H., Oi, N., Okamoto, M. and Kanazawa, K. (2007) Yellow tea is more potent than other types of tea in suppressing liver toxicity induced by carbon tetrachloride in rats. *Phytother Res.* **21**, 668-670.

Haskell, C.F., Kennedy, D.O., Milne, A.L., Wesnes, K.A. and Scholey, A.B. (2007) The effects of L-theanine, caffeine and their combination on cognition and mood. *Biol.Psychol.* **77**, 113-122.

Hertog, M.G., Feskens, E.J., Hollman, P.C., Katan, M.B. and Kromhout, D. (1993) Dietary antioxidant flavonoids and risk of coronary heart disease: the Zutphen Elderly Study. *Lancet* **342**, 1007-1011.

Hilal, Y. and Engelhardt, H.U. (2007) Characterisation of white tea - comparison to green and black tea. *J. Verbraucherschutz & Lebensmittelsicherheit.* **2**, 414-421. Corrigendum (2009). *J. Verbraucherschutz & Lebensmittelsicherheit*. **4**, 218.

Hong, Y., Barrett, D.M. and Mitchell, A.E. (2004) Liquid Chromatography/Mass Spectrometry investigation of the impact of thermal processing and storage on peach procyanidins. *J. Agric. Food Chem.* **52**, 2366-2371.

Ielpo, M.T.L., Basile, A., Miranda, R., Moscatiello, V., Nappo, C., Sorbo, S., Laghi, E., Ricciardi, M.M., Ricciardi, L. and Vuotto, M.L. (2000) Immunopharmacological properties of flavonoids. *Fitoterapia* **71**, 101-109.

ISO 14502-1 (2005) Determination of substances characteristic of green and black tea Part 1: Content of total polyphenols in tea. Colorimetric method using Folin-Ciocalteu reagent.

ISO 14502-2 (2005) Determination of substances characteristic of green and black tea Part 2: Content of catechins in green tea. Method using high-performance liquid chromatography.

ISO 3720 Definition and basic requirements for black tea.

ISO/TC 34/SC 8 N 625 (2009) White tea - draft technical report.

Iso, H., Date, C., Wakai, K., Fukui, M. and Tamakoshi, A. (2006) The Relationship between Green Tea and Total Caffeine Intake and Risk for Self-Reported Type 2 Diabetes among Japanese Adults. *Ann. Intern. Med.* **144**, 554-562.

Juneja, L.R., Chu, D.-C., Okubo, T., Nagato, Y. and Yokogoshi, H. (1999) L-theanine: a unique amino acid of green tea and its relaxation effect in humans. *Food Sci. & Technol.* **10**, 199-204.

Kaneko, S., Kumazawa, K., Masuda, H., Henze, A. and Hofmann, T. (2006) Molecular and sensory studies on the umami taste of japanese green tea. *J. Agric. Food Chem.* **54**, 2688-2694.

Karori, S.M., Wachira, F.N., Wanyoko, J.K. and Ngure, R.M. (2007) Antioxidant capacity of different types of tea products. *Afric. J. Biotech .* **6**, 2287-2296.

Kazuma, K., Noda, N. and Suzuki, M. (2003) Malonylated flavonol glycosides from the petals of Clitoria ternatea. *Phytochemistry* **62** , 229-237.

Keli, S.O., Hertog, M.G., Feskens, E.J. and Kromhout, D. (1996) Dietary flavonoids, antioxidant vitamins, and incidence of stroke: the Zutphen study. *Arch. Int. Med.* **156**, 637-642.

Kiehne, A. (1997) Untersuchungen über Polyphenole in Tee und Kaffee mittels HPLC und Thermospray HPLC-MS. Dissertation Technische Universität Braunschweig.

Kiehne, A. and Engelhardt, U.H. (1996) Thermospray-LC-MS analysis of various groups of polyphenols in tea. Part 1. Catechins, flavonol O-glycosides, and flavone C-glycosides. *Z. Lebensm. Unters. -Forsch.* **202**, 48-54.

Kiehne, A., Lakenbrink, C. and Engelhardt, U.H. (1997) Analysis of proanthocyanidins in tea samples. Part 1. LC-MS results. *Z. Lebensm. Unters. -Forsch.* **205**, 153-157.

Kimura K., Ozeki M., Juneja L. R. and Ohira H. (2007) L-theanine reduces psychological and physiological stress responses. *Biological psychology.* **74**, 39-45.

Kimura, R. and Murata, T. (1986) Effect of theanine on norepinephrine and serotonin levels in rat brain. *Chemical & Pharmaceutical Bulletin* **34**, 3053-3057.

Knekt, P., Kumpulainen, J., Jarvinen, R., Rissanen, H., Heliovaara, M., Reunanen, A., Hakulinen, T. and Aromaa, A. (2002) Flavonoid intake and risk of chronic diseases. *Am. J. Clin. Nutr.* **76**, 560-568.

Kuhr, S. (1993) Flavanole, Flavon-C-Glykoside und höhermolekulare Polyphenole im Tee. Dissertation Technische Universität Braunschweig.

Kuhr, S. and Engelhardt, U.H. (1991) Determination of flavanols, theogallin, gallic acid and caffeine in tea using HPLC. *Z. Lebensm. Unters. -Forsch.* **192**, 526-529.

Kuntz, S., Wenzel, U. and Daniel, H. (1999) Comparative analysis of the effects of flavonoids on proliferation, cytotoxicity, and apoptosis in human colon cancer cell lines. *Eur. J. Nut.* **38**, 133-142.

Kuo, K.L., Weng, M.S., Chiang, C.T., Tsai, Y.J., Lin-Shiau, S.Y. and Lin, Y.K. (2005) Comparative studies on the hypolipidemic and growth suppressive effects of oolong, black, pu-erh, and green tea leaves in rats. *J. Agric. Food Chem.* **53**, 480-489.

Lakenbrink, C. (2000) Strukturaufklärung und Bestimmung von Proanthocyanidinen und anderen Flavonoiden Inhalsstoffen des Tees. Dissertation Technische Universität Braunschweig.

Lakenbrink, C., Engelhardt, U.H. and Wray, V. (1999) Identification of two novel proanthocyanidins in green tea. *J. Agric. Food Chem.* **47**, 4621-4624.

Lakenbrink, C., Lapczynski, S., Maiwald, B. and Engelhardt, U.H. (2000a) Flavonoids and other polyphenols in consumer brews of tea and other caffeinated beverages. *J. Agric. Food Chem.* **48**, 2848-2852.

Lakenbrink, C., Loc Lam, T.M., Engelhardt, U.H. and Wray, V. (2000b) New flavonol triglycosides from tea (Camellia sinensis). *Nat. Prod. Lett.* **14**, 233-238.

Lapczynski, S. (2000) Untersuchungen über Theaflavine und Flavanole in grünen und schwarzen Tees. Dissertation Technische Universität Braunschweig.

Lea, A.G.H. and Arnold, G.M. (1978) The phenolics of ciders: Bitterness and adstringency. *J. Sci. Food Agric.* **29**, 478-483.

Lehmann, G. and Neumann, B. (1974) Über den Theaningehalt in Tee. *Z. Lebensm. Unters. -Forsch.* **156**, 32-35.

Lepiniec, L., Debeaujon, I., Routaboul, J.M., Baudry, A., Pourcel, L., Nesi, N. and Caboche, M. (2006) Genetics and biochemistry of seed flavonoids. *Annu. Rev. Plant. Biol.* **57**, 405-430.

Lichtenthäler, R. and Marx, F. (2005) Total oxidant scavenging capacities of common european fruit and vegetable juices. *J. Agric. Food Chem.* **53**, 103-110.

Lin, J.K., Lin, C.L., Liang, Y.C., Lin-Shiau, S.Y. and Juan, I.M. (1998) Survey of catechins, gallic acid, and methylxanthines in green, oolong, pu-erh, and black teas. *J. Agric. Food Chem.* **46**, 3635-3642.

Mabberley, D.J. (1987) *The plant-book*. England: Cambridge University Press.

Manach, C., Scalbert, A., Nomad, C., Remesy, C. and Jimenez, L. (2004) Polyphenols: food sources and bioavailability. *Am. J. Clin. Nutr.* **79**, 727-747.

Manach, C., Williamson, G., Morand, C., Scalbert, A., Nomad, C. and Remesy, C. (2005) Bioavailability and bioefficacy of polyphenols in humans. *Am. J. Clin. Nutr.* **81**, 230-242.

Manning, J. and Roberts, J.C. (2003) Analysis of catechin content of commercial green tea products. *J. Herbal Pharmacotherapy* **3**, 19-32.

Manzoori, J.L., Shaohaghi, M. and Jouyban, A. (2008) Determination of total phenols in tea infusions, tomato and apple juice by terbium sensitized fluorescence method as an alternative approach to the Folin–Ciocalteu spectrophotometric method. *J. Food Chem.* **108**, 695-701.

Matthews, I., (2003) The latest anti-oxidant and enzyme research in skincare. Care Forum 33, URL: http://www.scf-online.com/english/33_e/enzymes33_e.htm.

Medical News Today, (2009) New Research Suggests Drinking As Little As One Cup Of Black Tea Per Day Can Help Protect Against Cardiovascular Disease, URL: http://www.medicalnewstoday.com/articles/145413.php.

Mitsunaga, T., Doi, T., Kondo, Y. and Abe, I. (1998) Color development of proanthocyanidins in vanillin-hydrochloric acid reaction. *J.Food Sci.* **44**, 125-130.

Mizukami, M., Sawai, S. and Yamaguchi, Y. (2007) Simultaneous Analysis of Catechins, Gallic Acid, Strictinin, and Purine Alkaloids in Green Tea by Using Catechol as an Internal Standard. *J. Agric. Food Chem.* **55**, 4957-4964.

Monobe, M., Ema, K., Kato, F. and Maeda-Yamamoto, M. (2008) Immunostimulating activity of a crude polysaccharide derived from green tea (Camellia sinensis) extract. *J. Agric. Food Chem.* **56**, 1423-1427.

Nathan, P.J., Lu, K., Gray, M. and Oliver, C. (2006) The neuropharmacology of L-theanine (N-ethyl- L - glutamine): a possible neuroprotective and cognitive enhancing agent. *J. Herbal Pharmacotherapy* **6**, 21-30.

Nonaka, G., Hashimoto, F. and Nishioka, I. (1986) Tannins and Related Compounds. XXXVI. Isolation and structures of Theaflagalins, New Red Pigments From Black Tea. *Chem. Pharm. Bull.* **34**, 61-65.

Nonaka, G., Kawahara, O. and Nishioka, I. (1983) Tannins and related compounds. XV. A new class of dimeric flavan-3-ol gallat, theasinensins A and B, and proanthocyanidin gallat from green tea leaf (1). *Chem .Pharm. Bull.* **31**, 3906-3914.

Nonaka, G., Sakai, R. and Nishioka, I. (1984) Hydrolysable Tannins and proanthocyanidins from green tea. *Phytochemistry* **23**, 1753-1755.

Orner, G.A., Dashwood, W.M., Blum, C.A., Diaz, G.D., Li, Q. and Dashwood, R.H. (2003) Suppression of tumorigenesis in the Apcmin mouse: down-regulation of b - catenin signaling by a combination of tea plus sulindac. *Carcinogenesis* **24**, 263-267.

Price, K.R., Rhodes, M.J.C. and Barnes, K.A. (1998) Flavonol glycoside content and composition of tea infusions made from commercially available teas and tea products. *J. Agric. Food Chem.* **46**, 2517-2522.

Quan, P.T., Hang, T.V., Ha. N. H. and Giang, B.L. (2007) Total polyphenols, total catechins content and DPPH free radical scaver activity of several types of vietnam commercial green tea. *Sci. Technol. Develop.* **10** (10), 7 pages.

Rice, E.C.A., Miller, N.J. and Paganga, G. (1996) Structure-antioxidant activity relationships of flavonoids and phenolic acids. *Free Radic. Biol. Med.* **20**, 933-956.

Roberts, E.A.H. (1985) Chemistry of tea manufacture. *J. Sci. Food Agric.* **9**, 381-390.

Roberts, E.A.H., Cartwright, R.A. and Wood, D.J. (1956) Flavonols of tea. *J. Sci. Food Agric.* **7**, 637-46.

Robertson, A. (1992) The chemistry and biochemistry of black Tea production. *Chapman & Hall, London.* 555-601.

Rogers, P.J., Smith, J.E., Heatherley, S.V. and Pleydell-Pearce, C.W. (2008) Time for tea: mood, blood pressure and cognitive performance effects of caffeine and theanine administered alone and together. *Psychopharmacology* **195**, 569-577.

Rusak, G., Komes, D., Likic, S., Horzic, D. and Kovac, M. (2008) Phenolic content and antioxidative capacity of green and white tea extracts depending on extraction conditions and the solvent used. *Food Chem.* **110**, 852-858.

Sakato, Y. (1950) The chemical constituents of tea. III. A new amide, theanine. *Prefectural Tea Res.* **23**, 262-267.

Santana-Rios, G., Orner, G.A., Amantana, A., Provost, C., Wu, S.-Y. and Dashwood, R.H. (2001) Potent antimutagenic activity of white tea in comparison with green tea in the Salmonella assay. *Mutation Research, Genetic Toxicology and Environmental Mutagenesis* **495**, 61-74.

Santana-Rios, G., Provost, C., Amantana, A. und Dashwood, R. H. (2000) Antimutagenic activity of white tea. Washington. 219th ACS National Meeting, San Francisco, CA.

Scharbert, S., Holzmann, N. and Hofmann, T. (2004) Identification of the astringent taste compounds in black tea infusions by combining instrumental analysis and human bioresponse. *J. Agric. Food Chem.* **52**, 3498-3508.

Souza, J.N.S., Silva, E.M., da Silva, M.N., Arruda, M.S.P., Larondellea, Y. and Rogez, H. (2007) Identification and antioxidant activity of several flavonoids of *inga edulis* leaves. *J. Braz. Chem. Soc.* **18**, 1276-1280.

Spree, K., Kretzschmar, S., Dunger, H. und Kölling-Speer, I., (2006) Histamine in Fish and Theanine in Tea, URL:
http://www.hptlc.com/berlin/2006pdf/abstract/Histamine%20fish%20&%20Theanine%20tea_Speer.pdf.

Steinmetz, K.A. and Potter, J.D. (2001) Vegetables, fruit, and cancer prevention: a review. *J. Am. Diet. Assoc.* **96**, 1027-1039.

Tachibaba, H., Yamamoto, M. and Yamada, K. (2003) Strictinin: an antiallergic material newly found in tea leaf. *J. Agric. Hortic.* **78**, 7-11.

Tachibana, H., Kubo, T., Miyase, T., Tanino, S., Yoshimoto, M., Sano, M., Yamamoto-Maeda, M. and Yamada, K. (2001) Identification of an inhibitor for interleukin 4-induced epsilon germline transcription and antigen-specific IgE production in vivo. *Biochem. Biophys. Res. Commun.* **280**, 53-60.

Tea Collection, URL: http://de.loccitane.com/FO/Catalog/Catalog.aspx?cat=rg_TeaCollection.

Teissedre, P.L. and Waterhouse, A.L. (2000) Inhibition of oxidation of human low-density lipoproteins by phenolic substances in different essential oils varieties. *J. Agric. Food Chem.* **48**, 3801-3805.

Ternes, W., Täufel, A., Tunger, L. und Zobel, M. (2005) *Lebensmittel-Lexikon*. Schweiz: Behrs.

Thippeswamy, R., Gauda, K.G., Rao, D.H., Martin, A. and Gowda, L.R. (2006) Determination of Theanine in Commercial Tea by Liquid Chromatography with Fluorescence and Diode Array Ultraviolet Detection. *J. Agric. Food Chem.* **54**, 7014-7019.

Tsushida, T. (1987) Metabolism of L-theanine in tea leaves. *Tea Technol. Div.* **21**, 42-46.

Twenga, URL: http://www.twenga.de/dir-Gastronomie,Kaffee-und-Tee,Weisser-Tee/Verpackung-Tube-1-20712.

Unno, T., Sagesaka, Y.M. and Kakuda, T. (2005) Analysis of tea catechins in human plasma by high-performance liquid chromatography with solid-phase extraction. *J. Agric. Food Chem.* **53**, 9885-9889.

Venables, M.C., Hulston, C.J., Cox, H.R. and Jeukendrup, A.E. (2008) Green tea extract ingestion, fat oxidation, and glucose tolerance in healthy humans. *Am. J. Clin. Nutr.* **87, 778-784**.

Vidal, S., Francis, L., Noble, A., Kwiatkowski, M., Cheynier, V. and Waters, E. (2004) Taste and mouth-feel properties of different types of tannin-like polyphenolic compounds and anthocyanins in wine. *Anal. Chim. Acta* **513**, 57-65.

Wada, S., He, P., Hashimoto, I., Watanabe, N. and Sugiyama, K. (2000) Glycosidic flavonoids as rat-liver injury preventing compounds from green tea. *Bioscience, Biotechnology, and Biochemistry* **64**, 2262-2265.

Wang, R., Dashwood, W.M., Loehr, C.V., Fischer, K.A., Pereira, C.B., Louderback, M., Nakagama, H., Bailey, G.S., Williams, D.E. and Dashwood, R.H. (2008) Protective versus promotional effects of white tea and caffeine on PhIP-induced tumorigenesis and b-catenin expression in the rat. *Carcinogenesis* **29**, 834-839.

Warden, B.A., Smith, L.S., Beecher, G.R., Balentine, D.A. and Clevidence, B.A. (2001) Catechins are bioavailable in men and women drinking black tea throughout the day. *J. Nutr.* **131**, 1731-1737.

White tea central, URL: http://www.whiteteacentral.com/varieties.htm.

Willson, K.C. and Clifford, M.N. (1991) *Tea: Cultivation to Consumption*. London: Springer.

Winterstein, M. and Finger, A. (1998) Klassifizierung von Darjeeling-Tee mittels multivariater Datenanalyse. Deutsche Lebensmittel-Rundschau **94**, 262-267.

Yagi, K., Keiichi, G. and Fumio, N. (2009) Identification of a Major Polyphenol and Polyphenolic Composition in Leaves of *Camellia irrawadiensis*. *Chem. Pharm. Bull.* **57**, 1284-1288.

Zhao, B. (2006) The health effects of tea polyphenols and their antioxidant mechanism. *J. Clin. Biochem. Nutr.* **38**, 59-68.

Zhao, J., Chen, Q., Huang, X., Zhang, H. and Liu, M. (2006) Simultaneous determination of total polyphenols and caffeine contents of green tea by near-infrared reflectance spectroscopy. *Food Chem.* **83**, 42-47.

Zhou, B., Yang, L. and Liu. L. (2004) Strictinin as an efficient antioxidant in lipid peroxidation. *Chemistry and Physics of Lipids* **131**, 15-25.

Zimmermann, B.F. and Galensa, R. (2006) One for all-all for one: proof of authenticity and tracing of foods with flavonoids. *Eur. Food Res.Technol.* **224**, 385-393.

7 Anhang

Anhang 1: Die wichtigsten Enzyme für Polyphenolsynthese

Abkürzung	Enzyme
C4H	Cinnamonacid-4-Hydroxylase
CHS	Chalkonsynthase
CHI	Chalkonisomerase
DFR	Dihydroflavonol 4-Reduktase
F3`H	Flavonoid 3`-Hydroxylase
F3`5`H	Flavonoid 3`5`-Hydroxylase
FHT	Flavonoid 3-Hydroxylase
FLS	Flavonolsynthase
FNS	Flavonsynthase
LAR	Leucoanthocyanidinreduktase
PAL	Phenylalanin-Ammoniak-Lyase

Anhang 2: Ausschnitt der Eichgerade vom Gallussäure-Standard; R^2: 0,999

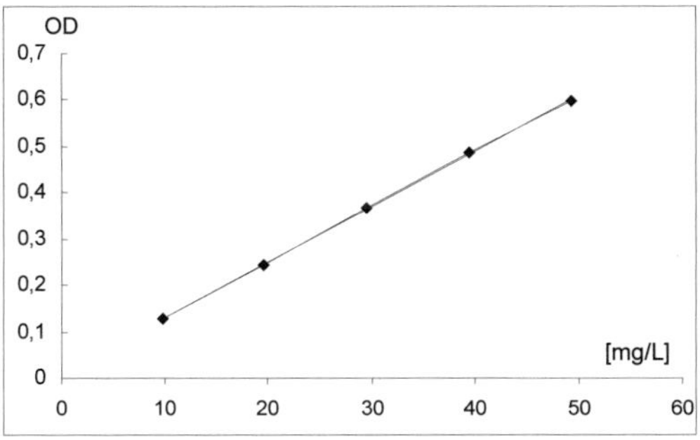

Anhang 3: Ausschnitt der Eichgerade vom Coffein-Standard; R^2: 1

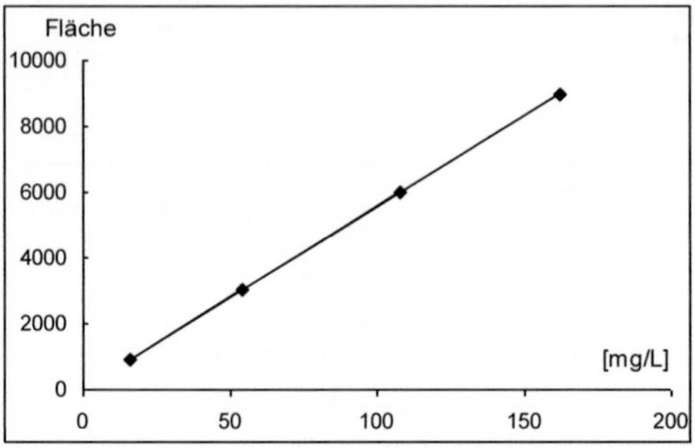

Anhang 4: Relative Response-Faktoren (RRF) der einzelnen Catechine, Standardabweichungen und Variationskoeffizienten (VK) für die Catechin-Methode

	RRF	Standardabweichung g/100g i.T.	Variationskoeffizient VK [%]
GA	0,84	0,010	4,87
TG	-	0,038	4,26
TB	-	0,003	1,40
Coffein	1	0,049	1,32
+C	3,58	0,011	5,36
EC	3,67	0,049	6,79
EGC	11,24	0,082	5,95
EGCG	1,72	0,080	1,57
ECG	1,42	0,058	2,85

Anhang 5: Die Catechine, Total-Catechine, Gesamtphenolgehalte und Ratio vom weißen Tee als Prozent in Bezug auf die Trockenmasse des Tees

Tee Nr.	Herkunft	Coffein	TB	TG	GA	EGC	C	EC	EGCG	ECG	Total-Catechine	Gesamt-phenolgehalte	Ratio
1	China	5,4	0,1	0,7	0,2	0,9	0,04	1,0	5,9	1,9	9,8	18,7	0,52
2	China	5,2	0,1	1,2	0,3	0,7	0,03	0,7	7,4	2,2	11,0	21,6	0,51
3	China	3,8	0,1	0,4	0,2	0,4	0,03	0,7	3,1	1,3	5,4	15,9	0,34
4	Indien	5,9	0,5	2,6	0,2	1,0	0,08	0,9	11,5	3,7	17,2	29,0	0,59
5	China	4,9	0,03	0,8	0,2	0,5	0,06	0,1	6,1	1,8	8,6	20,9	0,41
6	China	4,8	0,7	3,1	0,1	1,0	0,47	1,1	8,1	5,8	16,5	17,7	0,93
7	China	5,2	0,2	2,3	0,1	1,2	0,15	0,7	8,7	3,5	14,3	28,0	0,51
8	China	4,7	0,6	1,2	0,1	2,1	0,24	1,0	9,9	2,7	15,9	24,2	0,66
9	China	5,2	0,5	2,7	0,1	0,8	0,33	0,9	8,2	5,0	15,2	22,9	0,66
10	China	5,5	0,5	1,4	0,1	0,8	0,05	0,3	7,9	2,5	11,5	25,2	0,46
11	China	4,8	0,1	1,8	0,1	1,9	0,60	1,7	8,6	5,0	17,8	20,7	0,86
12	China	5,1	0,3	1,8	0,1	1,8	0,58	1,5	8,8	5,0	17,7	26,0	0,68
13	n.a.	6,1	0,6	2,7	0,2	1,1	0,20	1,1	4,8	2,3	9,5	22,7	0,42
14	China	6,2	0,1	2,1	0,1	0,3	0,00	0,3	9,3	2,7	12,6	21,1	0,60
15	China	6,0	0,2	2,2	0,1	0,2	0,20	0,5	8,8	2,5	12,2	20,4	0,60
16	China	4,6	0,2	2,2	0,1	0,9	0,20	1,0	10,1	3,1	15,3	22,3	0,69
17	China	5,0	0,1	0,9	0,2	0,9	0,49	0,2	6,5	2,0	10,1	19,1	0,53
18	Indien	3,9	0,2	1,2	0,2	1,0	0,56	0,3	7,3	2,3	11,5	23,0	0,50
19	n.a.	4,3	0,05	0,8	0,2	0,4	0,20	0,2	4,4	1,4	6,5	14,5	0,45
20	n.a.	5,7	0,5	2,9	1,4	1,3	n.b.	1,0	8,8	2,9	14,1	24,2	0,58
21	n.a.	5,3	0,5	2,9	1,5	2,3	n.b.	0,8	9,6	3,0	15,7	24,1	0,65
22	n.a.	4,9	0,4	3,4	1,7	0,8	n.b.	1,5	5,6	2,3	10,2	22,3	0,46
23	n.a.	6,1	0,3	2,9	1,4	2,0	n.b.	0,9	9,8	2,6	15,4	25,6	0,60
24	Indien	5,0	0,8	2,6	0,2	1,3	0,09	0,5	9,8	3,4	15,1	26,6	0,57
25	China	6,1	0,2	2,4	0,1	1,5	0,03	0,4	10,3	3,2	15,4	27,4	0,56
26	China	4,3	0,2	1,8	0,1	1,1	0,02	0,3	6,7	2,1	10,2	18,6	0,55
27	n.a.	4,9	0,1	0,6	0,2	1,5	0,43	1,3	7,5	4,1	14,9	21,7	0,69
28	n.a.	5,3	0,6	0,8	0,4	1,5	0,21	0,6	9,2	2,7	14,2	23,0	0,62
29	China	4,4	0,7	1,9	0,1	2,3	0,28	0,9	9,1	3,5	16,2	31,7	0,51
30	Indien	3,6	0,3	1,0	0,1	2,8	0,20	0,8	7,6	2,4	13,8	23,8	0,58

Anhang 6: Die Catechine, Total-Catechine, Gesamtphenolgehalte und Ratio vom grünen Tee als Prozent in Bezug auf die Trockenmasse des Tees

Tee Nr.	Herkunft	Coffein	TB	TG	GA	EGC	C	EC	EGCG	ECG	Total-Catechine	Gesamt-phenolgehalte	Ratio
31	China	5,6	0,2	2,3	0,1	1,0	0,2	1,0	10,3	3,2	15,7	22,2	0,70
32	China	5,9	0,2	2,4	0,1	0,7	0,2	0,9	10,1	3,3	15,2	22,5	0,68
33	Vietna	3,8	0,2	0,7	0,3	2,3	0,3	1,5	5,6	2,4	12,0	21,3	0,56
34	China	3,7	0,1	0,5	0,2	1,7	0,3	1,0	7,1	2,8	12,8	21,4	0,60
35	Japan	1,6	0,01	0,1	0,02	2,8	n.b.	0,8	4,0	0,9	8,4	12,9	0,66
36	Japan	2,6	0,1	0,2	0,1	2,0	0,2	0,5	4,6	1,1	8,3	15,1	0,55
37	Japan	2,6	0,1	0,3	0,2	2,8	0,1	0,8	5,1	1,5	10,3	16,4	0,63
38	Japan	1,7	0,1	0,3	0,2	1,2	0,1	0,5	3,2	1,2	6,2	10,6	0,58
39	Japan	2,0	0,01	0,1	0,02	1,9	0,2	0,6	3,1	0,8	6,5	11,6	0,57
40	China	2,9	0,1	0,2	0,1	1,9	0,2	0,4	5,3	1,2	9,1	15,4	0,59
41	China	3,5	0,1	0,5	0,1	2,5	0,3	0,5	7,2	1,6	12,1	18,6	0,65
42	China	3,3	0,1	0,2	0,2	1,9	0,3	0,4	6,0	1,4	10,0	17,5	0,57
43	China	3,3	0,1	0,2	0,1	2,3	0,3	0,5	6,2	1,4	10,6	17,1	0,62
44	China	3,9	0,1	0,3	0,2	1,7	0,2	0,3	6,4	1,6	10,2	18,1	0,57
45	China	3,0	0,2	0,6	0,4	2,8	0,9	3,2	4,5	5,6	17,0	23,9	0,71
46	Indien	3,5	0,4	0,5	0,2	3,3	0,2	0,9	10,2	2,9	17,5	23,2	0,76
47	Indien	4,1	0,4	0,6	0,6	2,9	0,4	1,2	10,1	2,7	17,3	21,7	0,80
48	Japan	2,8	0,03	0,1	0,03	2,5	0,2	0,6	5,1	1,1	9,5	20,8	0,46
49	Indien	3,9	0,2	0,4	0,1	2,4	0,3	1,1	7,7	2,5	14,0	21,7	0,65
50	China	4,1	0,4	1,3	0,1	2,1	0,1	0,4	6,0	2,2	10,8	18,1	0,60
51	China	4,2	0,3	1,7	0,2	1,8	0,1	0,4	6,8	2,3	11,4	19,1	0,60
52	China	4,2	0,4	1,6	0,2	1,5	0,1	0,4	7,5	2,2	11,8	18,9	0,62
53	China	3,8	0,1	0,5	0,1	2,2	0,3	0,5	6,9	1,5	11,4	18,6	0,61
54	Japan	2,9	0,1	0,7	0,1	3,7	0,1	0,9	5,7	1,7	12,1	18,6	0,65
55	n.a.	4,9	0,54	0,8	0,3	3,2	0,3	0,7	10,9	2,9	18,1	23,9	0,76
56	Indien	3,0	0,3	0,5	0,2	2,8	0,3	0,6	8,7	2,5	14,9	21,6	0,69
57	China	2,4	0,1	0,3	0,03	2,4	0,1	0,8	5,6	1,5	10,5	21,9	0,48
77	China	3,6	0,1	0,4	0,04	2,0	0,1	0,5	7,3	1,6	11,6	21,1	0,55
78	n.a.	3,4	0,1	0,04	0,02	2,8	0,2	0,6	6,7	1,2	11,5	15,9	0,72
79	n.a.	1,9	0,03	0,10	0,02	3,8	0,1	0,8	5,1	0,9	10,7	14,9	0,72
80	n.a.	1,7	0,03	0,10	0,01	4,3	0,3	0,9	5,1	0,9	11,4	14,1	0,81
81	China	3,4	0,2	0,5	0,1	2,4	0,2	0,7	8,9	2,0	14,2	14,6	0,97
82	Indien	3,4	0,4	0,5	0,1	3,2	0,2	0,8	10,0	2,8	16,9	20,3	0,84
92	China	3,5	0,2	n.b	0,1	2,4	0,2	0,7	8,9	2,1	14,4	22,5	0,64

Anhang 7: Die Catechine, Total-Catechine, Gesamtphenolgehalte und Ratio vom weißen Instant-Tee als Prozent in Bezug auf die Trockenmasse des Tees

Tee Nr.	Coffein	TB	TG	GA	EGC	C	EC	EGCG	ECG	Total-Catechine	Gesamtphenol Gehalte	Ratio
58	9,3	0,2	2,1	0,2	4,2	0,6	3,8	6,8	4,2	19,6	43,3	0,45
59	7,2	0,3	1,9	0,2	6,9	0,7	3,4	9,0	3,7	23,6	36,5	0,65
60	6,8	0,2	2,4	0,2	6,4	0,9	4,2	8,3	4,7	24,5	39,7	0,62
61	7,4	0,4	1,9	0,2	7,2	0,7	3,3	9,9	4,4	25,6	38,6	0,66
62	7,1	0,4	2,5	0,4	6,5	0,8	3,2	8,5	3,9	23,0	39,7	0,58
63	7,2	0,2	0,5	0,5	2,9	0,1	1,3	4,3	3,1	11,8	26,1	0,45
64	5,4	0,1	0,5	0,4	1,8	0,2	1,1	3,1	1,8	7,9	20,5	0,39
75	6,8	1,4	0,2	0,3	6,4	0,5	3,0	9,8	3,7	23,3	35,0	0,67
76	6,3	0,1	1,4	0,2	6,2	0,8	2,8	9,3	4,1	23,2	36,4	0,64

Anhang 8: Die Catechine, Total-Catechine, Gesamtphenolgehalte und Ratio vom grünen Instant-Tee als Prozent in Bezug auf die Trockenmasse des Tees

Tee Nr.	Coffein	TB	TG	GA	EGC	C	EC	EGCG	ECG	Total-Catechine	Gesamtphenol Gehalte	Ratio
65	5,7	0,6	2,6	0,3	8,6	0,7	2,4	11,3	8,6	31,7	40,2	0,79
66	6,1	0,4	2,9	0,2	9,2	0,8	2,7	12,1	9,2	34,0	40,7	0,83
67	6,0	0,6	2,2	0,2	9,6	0,7	2,8	11,8	9,6	34,5	43,0	0,80
68	5,0	0,2	1,2	0,3	4,7	0,3	1,8	6,7	4,7	18,3	28,3	0,65
69	5,8	0,6	2,9	0,3	8,1	0,6	2,2	11,7	8,1	30,7	38,6	0,79
83	5,0	0,2	1,1	0,5	4,0	0,5	1,8	7,1	4,0	17,3	36,9	0,47
84	5,2	0,3	3,0	0,3	8,3	0,5	1,8	11,2	8,3	30,0	40,3	0,74
85	3,9	0,2	1,3	0,2	3,9	0,2	1,8	5,5	3,9	15,3	25,8	0,59
86	6,6	0,1	0,5	0,2	6,4	0,2	2,2	7,0	6,4	22,2	31,9	0,70
87	4,1	0,1	0,8	0,1	6,1	0,2	2,2	6,0	6,1	20,7	32,0	0,65
88	5,2	0,2	1,5	0,5	7,1	0,3	3,2	7,3	1,9	19,9	33,7	0,59
89	4,2	0,1	1,4	0,3	5,0	0,3	2,5	6,9	1,9	16,5	30,9	0,54
90	4,9	0,2	1,5	0,3	7,1	0,3	2,9	6,9	1,8	18,9	32,8	0,58
91	4,2	0,1	1,2	0,3	4,1	0,2	2,4	7,9	2,4	16,9	32,2	0,53

Anhang 9: Ausschnitt der Eichgerade des Catechin-Standards; R^2: 0,9998

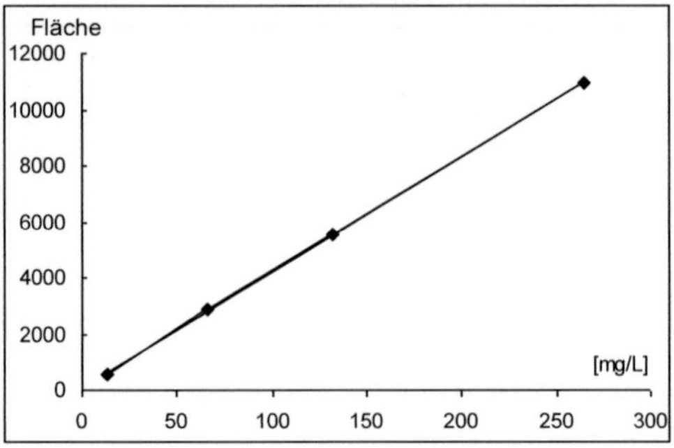

Anhang 10: Die Proanthocyanidingehalte im weißen und grünen Tee berechnet in Bezug auf einen Korrekturfaktor für Catechin-Standard [mg/kg i.Tr.]

	Weißer Tee					Grüner Tee				
	Nr.14	Nr.16	Nr.17	Nr.18	Nr.29	Nr.42	Nr.47	Nr.48	Nr.53	Nr.54
EGC-EGCG	618	780	1466	2313	1137	1106	1073	1347	1092	3072
EGC-EGCG	1274	540	725	5546	1872	1786	1225	889	668	2053
S1	387	216	128	109	589	1047	115	28	24	104
T1	615	477	252	725	608	644	243	305	150	368
EC-EGCG	41	28	113	100	98	77	0	61	63	185
EGC-ECG	282	1148	1281	268	180	186	1225	239	184	458
EGCG-EGCG	1488	1032	1413	1206	2417	2318	2452	303	247	1481
T2	479	451	468	91	726	129	342	112	1245	368
EC-ECG	239	414	502	244	253	343	780	112	37	253
EGCG-ECG	1484	957	1281	994	2363	2124	912	316	564	929
ECG-EGCG	680	398	262	207	1234	1094	226	625	272	294
S2	3050	1634	619	454	4561	3764	523	0	31	53
ECG-ECG	1207	803	836	372	1638	1457	703	122	127	501
EAG-EGCG	833	504	415	297	789	710	22	156	146	357
EAG-ECG	752	513	273	78	190	158	142	45	49	57
ECG-EGCG	315	110	120	74	351	213	119	3	0	123
EGCG-ECG	161	91	116	59	333	199	117	13	0	142
EAG-EGCG	475	132	73	52	92	0	142	10	14	52
ECG-ECG	332	173	177	79	465	354	135	12	18	106
EAG-ECG	492	188	122	49	83	59	105	11	18	38
Summe	10673	7811	9175	11938	13495	12184	9378	4264	3499	10101

Anhang 11: Standardabweichungen und Variationskoeffizienten für die Proanthocyanidine

Proanthocyanidine	Standardabweichung mg/kg i.Tr.	Variationskoeffizient VK [%]
EGC-EGCG	22,09	1,58
EGC-EGCG	14,37	0,87
EC-EGCG	4,02	4,88
EGC-ECG	16,60	3,07
EGCG-EGCG	17,10	1,20
EC-ECG	15,18	4,94
EGCG-ECG	29,82	2,55
ECG-EGCG	14,02	2,70
ECG-ECG	20,76	2,72
EAG-EGCG	11,67	2,81
EAG-ECG	15,81	7,26
ECG-EGCG	8,85	5,78
EGCG-ECG	7,03	5,33
EAG-EGCG	9,22	8,27
ECG-ECG	10,63	5,95
EAG-ECG	9,29	8,27
Strictinin 1	18,36	6,92
Strictinin 2	26,13	1,62
T1 EC-Trimere	21,78	5,14
T2 EC-Trimere	22,54	5,28

Anhang 12: Ausschnitt der Eichgerade des Strictinin-Standards; R^2: 0,999

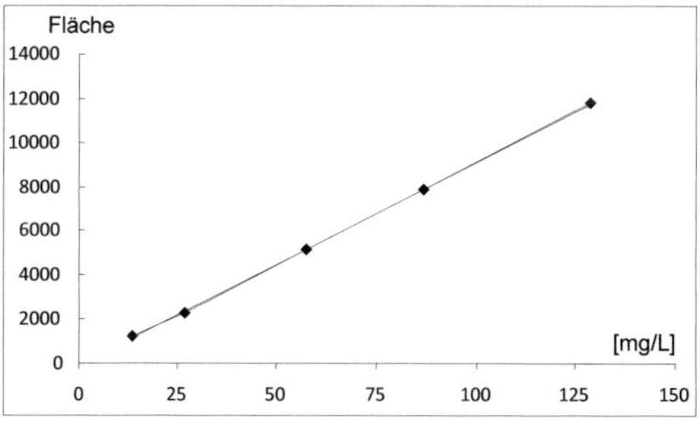

Anhang 13: Ausschnitt der Eichgerade des Theanin-Standards; R2: 0,999

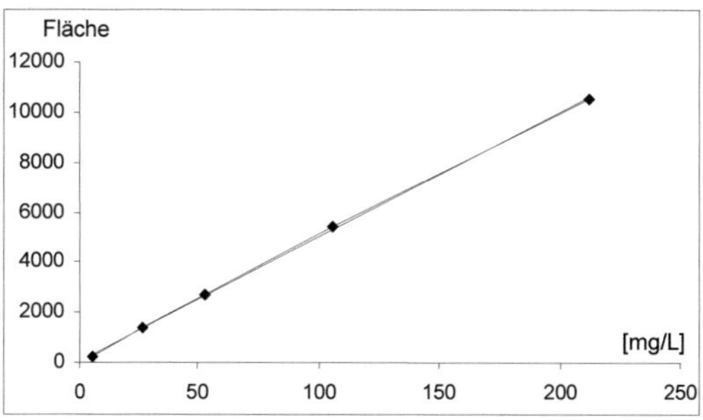

Anhang 14: Theaningehalte in weißen, grünen und schwarzen Tees sowie in weißen und grünen Instant-Tees berechnet als Prozent in der Trockenmasse des Tees

Tee	Theanin%	Tee	Theanin%	Tee	Theanin%
WT.1	1,61	WT.29	3,07	GT.57	1,03
WT.2	1,62	WT.30	0,47	GT.77	1,52
WT.3	1,32	GT.31	1,32	GT.78	1,02
WT.4	0,64	GT.32	1,17	GT.79	0,64
WT.5	1,37	GT.33	3,20	GT.80	0,51
WT.6	0,96	GT.34	1,53	ST.70	0,73
WT.7	0,98	GT.35	1,08	ST.71	0,65
WT.8	1,64	GT.36	1,04	ST.72	0,90
WT.9	1,12	GT.37	1,36	ST.73	0,50
WT.10	1,24	GT.38	2,43	ST.74	0,41
WT.11	0,88	GT.39	1,07	Inst-WT.58	2,12
WT.12	0,95	GT.40	1,17	Inst-WT.59	2,27
WT.13	1,32	GT.41	2,22	Inst-WT.60	2,26
WT.14	1,19	GT.42	2,17	Inst-WT.61	2,32
WT.15	1,95	GT.43	1,51	Inst-WT.62	2,24
WT.16	3,15	GT.44	1,21	Inst-WT.63	2,70
WT.17	3,02	GT.45	2,20	Inst-WT.64	1,56
WT.18	1,35	GT.46	0,64	Inst-WT.75	2,08
WT.19	2,03	GT.47	1,43	Inst-WT.76	2,00
WT.20	0,59	GT.48	1,24	Inst-GT.65	2,40
WT.21	0,58	GT.49	1,27	Inst-GT.66	2,25
WT.22	1,37	GT.50	3,48	Inst-GT.67	2,81
WT.23	0,48	GT.51	3,72	Inst-GT.68	1,54
WT.24	0,70	GT.52	2,65	Inst-GT.69	1,64
WT.25	2,41	GT.53	2,00	Inst-GT.88	2,62
WT.26	2,16	GT.54	1,59	Inst-GT.89	2,13
WT.27	2,20	GT.55	1,32	Inst-GT.90	2,23
WT.28	2,74	GT.56	1,66	Inst-GT.91	1,07

Anhang 15: Ausschnitt der Eichgerade von Kämpferol-rhanmoglucosid-Standard; R^2: 1

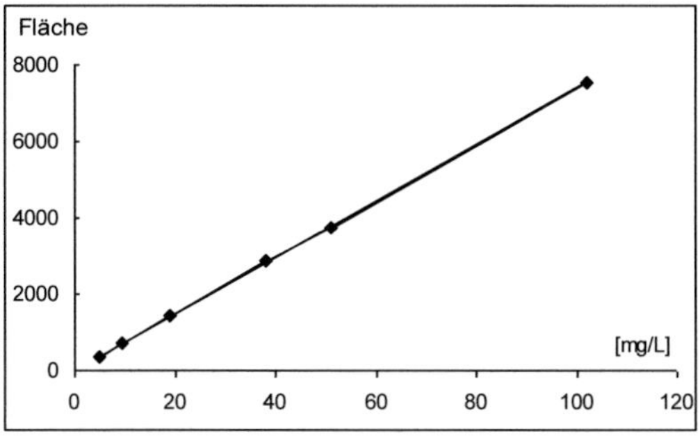

Anhang 16: Ausschnitt der Eichgerade von Rutin-Standard; R^2: 1

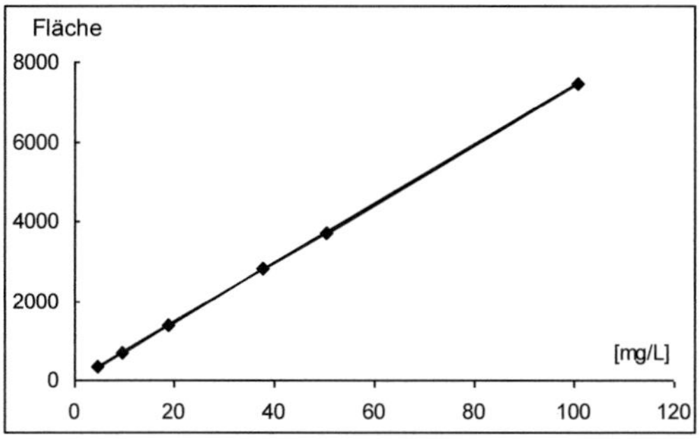

Anhang 17: Ausschnitt der Eichgerade von Myricitrin-Standard; R^2: 0,999

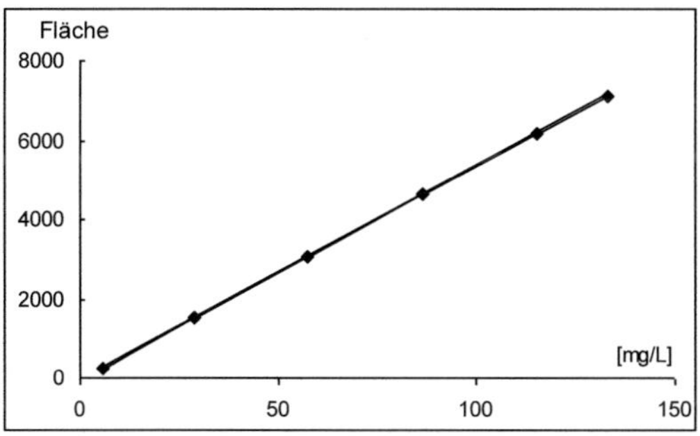

Anhang 18: Standardabweichungen und Variationskoefizienten für die Bestimmung der Flavonolglykoside

	Standardabweichung mg/kg i.Tr.	Variationskoeffizient %
M-rdg	3,9	3,9
M-rut	6,7	4,0
M-glu	12,7	2,1
M-gal	14,2	3,2
Q-rut	13,6	2,5
Q-grg	9,9	3,3
Q-rdg	17,2	2,8
Q-rgal	8,1	4,4
Q-gal	8,6	3,5
Q-glu	11,1	3,2
K-grg	14,7	4,2
K-drgal	7,5	2,6
K-rdg	15,9	3,2
K-gal	3,9	4,1
K-rut	10,8	4,3
K-glu	7,2	3,1

Anhang 19: Flavonolglykosidgehalte in Weißtees, berechnet als Aglykon [mg/kg i.Tr.]

Tee	M-rdg	M-rut	M-gal	M-glu	Q-grg	Q-rdg	Q-rgal	Q-rut	Q-gal	Q-glu	K-grg	K-rdg	K-drgal	K-gal	K-rut	K-glu	Summe
1	156	166	391	448	267	1106	113	387	240	243	269	1161	23	92	191	175	5428
2	87	80	317	239	233	570	47	171	172	142	311	876	13	110	120	142	3630
3	82	145	404	636	271	1064	146	738	206	592	135	784	25	55	348	329	5960
4	38	101	318	231	20	50	35	200	123	116	25	161	23	73	135	66	1713
5	119	143	343	383	200	898	0	338	219	225	224	1067	16	89	202	185	4649
6	0	85	386	453	0	0	210	566	302	556	0	60	48	67	339	296	3367
7	0	45	281	298	0	118	0	89	152	453	0	107	24	56	40	152	1815
8	177	202	558	598	298	1311	114	436	348	340	329	1411	16	149	245	261	6793
9	0	71	322	347	30	75	149	444	246	432	62	231	36	65	266	224	2999
10	130	132	405	421	251	956	81	275	267	225	405	1295	17	138	192	196	5385
11	0	234	540	1183	0	0	232	898	310	661	0	663	33	62	420	345	5579
12	0	212	526	1121	0	0	211	839	301	643	0	644	35	67	419	341	5360
13	0	90	272	389	33	54	189	529	200	442	0	44	37	52	516	378	3226
14	65	36	227	103	81	134	0	606	71	17	0	385	15	60	40	34	1873
15	70	47	274	116	100	168	0	582	81	23	0	343	11	64	39	34	1952
16	266	282	678	1194	369	2224	0	434	221	456	222	1026	9	56	151	160	7748
17	144	170	380	444	233	1017	0	572	222	243	0	1119	13	93	199	192	5041
18	66	296	446	972	89	534	0	777	534	817	0	528	52	242	562	604	6519
19	0	192	565	1003	0	0	0	891	317	674	0	18	44	80	390	321	4495
20	0	92	316	246	0	0	0	657	101	83	0	128	42	74	118	0	1857
21	0	182	248	296	0	60	0	585	81	69	0	172	43	62	104	80	1981
22	0	32	405	142	0	54	197	181	0	53	0	31	0	25	23	0	1144
23	0	340	445	515	0	52	0	1394	127	108	0	83	73	65	86	0	3289
24	0	116	405	194	0	0	0	109	124	51	50	313	26	114	144	76	1723

Tee	M-rdg	M-rut	M-gal	M-glu	Q-grg	Q-rdg	Q-rgal	Q-rut	Q-gal	Q-glu	K-grg	K-rdg	K-drgal	K-gal	K-rut	K-glu	Summe
25	277	350	550	1229	740	1514	0	516	242	619	224	1318	20	39	133	104	7875
26	141	261	536	1213	425	0	0	903	202	553	0	873	33	36	195	141	5512
27	0	46	93	1027	0	0	0	223	36	454	0	0	11	35	197	971	3094
28	0	105	374	285	295	762	0	249	370	181	343	981	13	155	135	152	4400
29	0	0	218	156	0	0	0	92	370	49	0	0	11	18	62	42	1018
30	0	229	647	1144	88	289	0	985	576	844	80	258	90	276	613	598	6716

Anhang 20: Flavonolglykosidgehalte in Grüntees, berechnet als Aglykon [mg/kg i.Tr.]

Tee	M-rdg	M-rut	M-gal	M-glu	Q-grg	Q-rdg	Q-rgal	Q-rut	Q-gal	Q-glu	K-grg	K-rdg	K-drgal	K-gal	K-rut	K-glu	Summe
31	96	58	340	165	120	224	0	529	105	38	433	431	10	69	43	40	2701
32	87	54	316	152	115	212	0	523	105	40	0	382	10	63	39	35	2134
33	0	309	805	1933	0	0	386	1582	472	1213	0	0	85	161	820	722	8488
34	174	220	724	1204	295	1235	0	854	299	860	199	937	18	89	442	447	7997
35	56	337	959	1139	901	1580	0	1124	305	218	403	390	17	57	207	73	7767
36	82	253	818	846	737	1151	0	673	297	205	547	633	20	103	150	100	6615
37	39	320	842	1323	594	780	0	870	249	423	283	240	40	85	376	305	6767
38	0	153	388	787	0	0	0	496	163	401	0	12	27	65	316	291	3098
39	52	259	591	663	692	982	0	594	180	113	530	432	14	47	132	49	5331
40	85	186	720	588	653	895	0	489	332	167	541	563	22	123	121	70	5552
41	102	218	777	536	593	794	227	286	331	142	651	644	22	169	138	84	5714
42	84	184	651	469	537	789	0	427	346	180	667	694	31	187	168	107	5521
43	84	222	659	761	342	786	0	518	212	250	384	908	48	100	341	243	5858
44	92	195	726	595	684	927	0	391	295	163	630	580	23	123	133	82	5637
45	0	169	493	698	0	0	0	1803	681	1513	0	23	86	131	666	484	6747

Tee	M-rdg	M-rut	M-gal	M-glu	Q-grg	Q-rdg	Q-rgal	Q-rut	Q-gal	Q-glu	K-grg	K-rdg	K-drgal	K-gal	K-rut	K-glu	Summe
46	0	118	374	1131	0	178	499	78	0	471	0	10	82	77	264	332	3614
47	48	207	624	940	185	421	0	652	305	462	0	310	44	109	293	244	4843
48	81	177	774	524	951	735	0	188	256	107	1139	754	28	118	116	77	6024
49	0	174	600	752	186	546	169	169	293	382	0	446	96	129	298	217	4458
50	55	203	367	282	62	216	0	510	191	149	0	505	36	69	521	188	3355
51	126	117	369	344	128	695	0	590	187	184	0	1191	36	133	138	202	4441
52	0	140	754	440	290	403	76	297	316	135	884	647	54	327	132	146	5041
53	91	134	593	563	424	701	0	367	257	195	672	785	52	163	204	165	5367
54	87	288	875	1491	522	792	0	1206	281	470	0	293	63	91	422	363	7245
55	0	197	608	1980	63	167	0	1149	0	1125	0	125	108	171	761	911	7365
56	0	122	371	1219	0	0	0	524	73	526	0	0	72	92	311	422	3732
57	78	179	546	933	379	910	162	897	259	382	213	443	28	64	195	145	5815

Anhang 21: Flavonolglykosidgehalte in Schwarztees, berechnet als Aglykon [mg/kg i.Tr.]

Tee	M-rdg	M-rut	M-gal	M-glu	Q-grg	Q-rdg	Q-rgal	Q-rut	Q-gal	Q-glu	K-grg	K-rdg	K-drgal	K-gal	K-rut	K-glu	Summe
70	53	214	602	774	193	540	0	655	356	366	165	520	80	165	510	309	5501
71	0	0	142	214	0	0	0	549	263	518	0	0	0	83	263	279	2311
72	0	48	225	406	0	0	0	450	239	501	0	0	0	74	226	320	2489
73	0	64	260	354	31	127	0	1404	444	1095	0	90	62	98	660	465	5155
74	0	0	98	88	131	333	0	417	108	131	0	780	61	90	242	220	2698

Anhang 22: Flavonolglykosidgehalte in weißen Instant-Tees, berechnet als Aglykon [mg/kg i.Tr.]

Tee	M-rdg	M-rut	M-gal	M-glu	Q-grg	Q-rdg	Q-rgal	Q-rut	Q-gal	Q-glu	K-grg	K-rdg	K-drgal	K-gal	K-rut	K-glu	Summe
58	160	497	1268	2296	647	1917	0	2968	620	1705	203	1007	79	108	961	577	15014
59	153	447	1034	1811	621	1760	0	2315	474	1226	337	1128	69	94	819	506	12793
60	173	429	1049	1970	557	1830	0	2730	639	1716	319	1192	86	149	904	580	14323
61	185	415	1211	2283	679	2163	0	2312	521	1401	361	1247	79	127	828	493	14306
62	208	125	1002	2017	576	2240	0	2360	487	1415	231	1292	77	97	748	436	13310

Anhang 23: Flavonolglykosidgehalte in grünen Instant-Tees, berechnet als Aglykon [mg/kg i.Tr.]

Tee	M-rdg	M-rut	M-gal	M-glu	Q-grg	Q-rdg	Q-rgal	Q-rut	Q-gal	Q-glu	K-grg	K-rdg	K-drgal	K-gal	K-rut	K-glu	Summe
65	0	331	973	3425	0	0	0	2371	1218	3172	0	60	119	312	1393	1474	14849
66	0	293	721	2779	0	286	0	2459	1224	2636	0	21	257	394	1328	1668	14066
67	0	377	897	3022	0	0	0	445	2164	1100	0	2879	65	359	1183	1611	14102
68	215	520	865	1679	542	2589	0	1380	243	868	203	1285	0	52	510	312	11265
69	0	379	930	3222	0	0	0	2446	1112	3108	0	0	72	281	1261	1534	14344

Anhang 24: ^{1}H-NMR-Spektrum des Myricetin-rhamnodiglucosids (CD_3OD, 400 MHz)

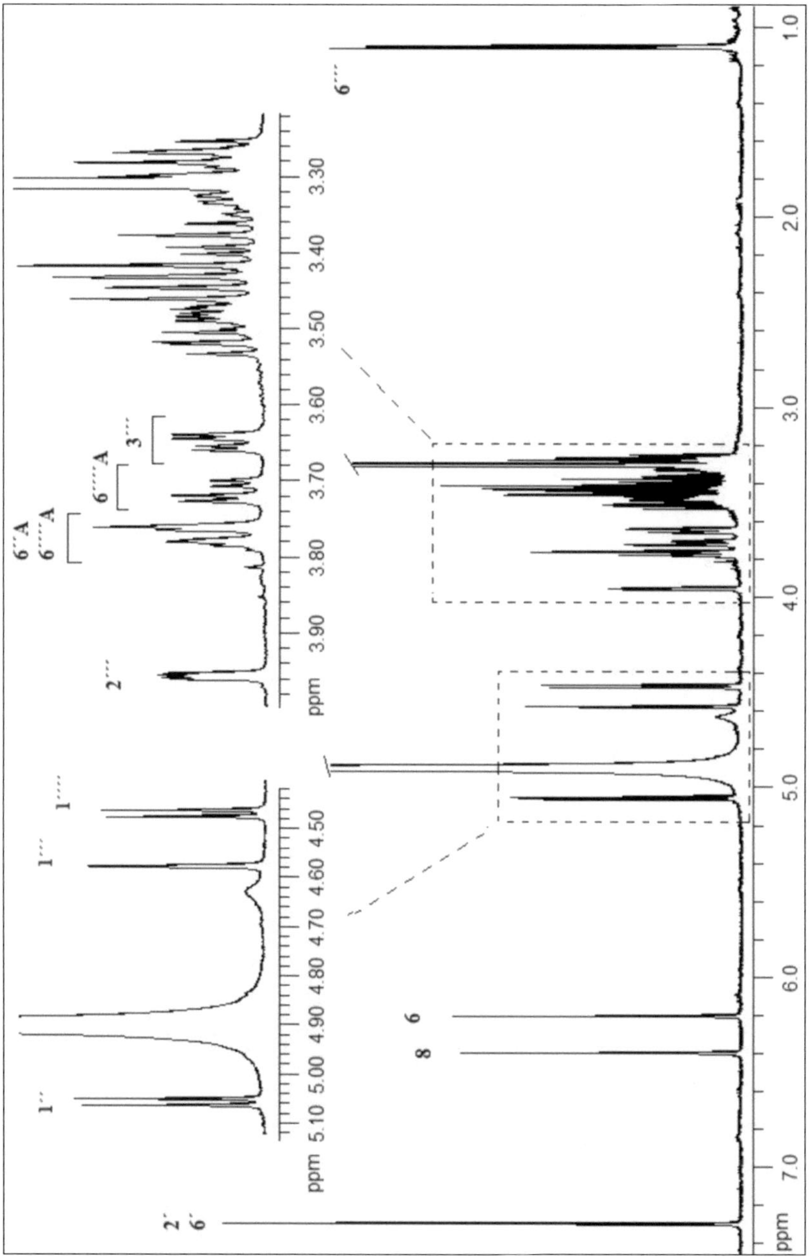

Anhang 25: HMQC-NMR-Spektrum des Myricetin-rhamnodiglucosids (CD_3OD, 600 MHz)

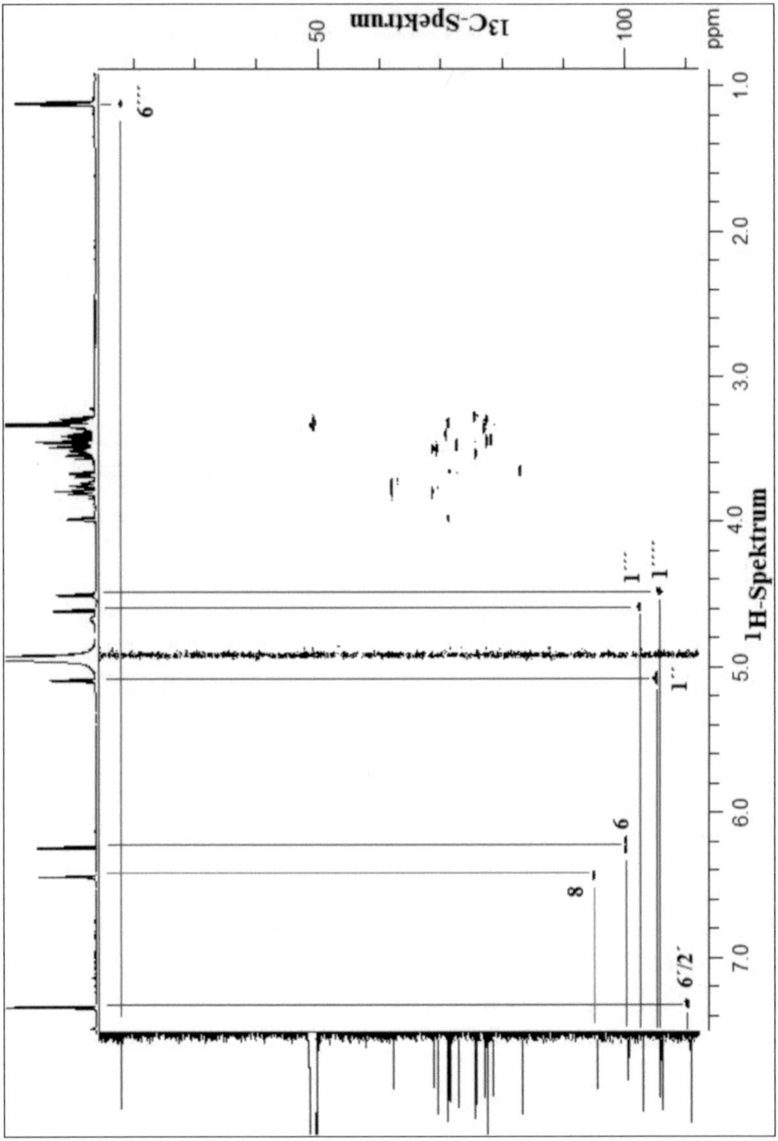

Anhang 26: HMBC-NMR-Spectrum des Myricetin-rhamnodiglucosids (CD_3OD, 600 MHz)

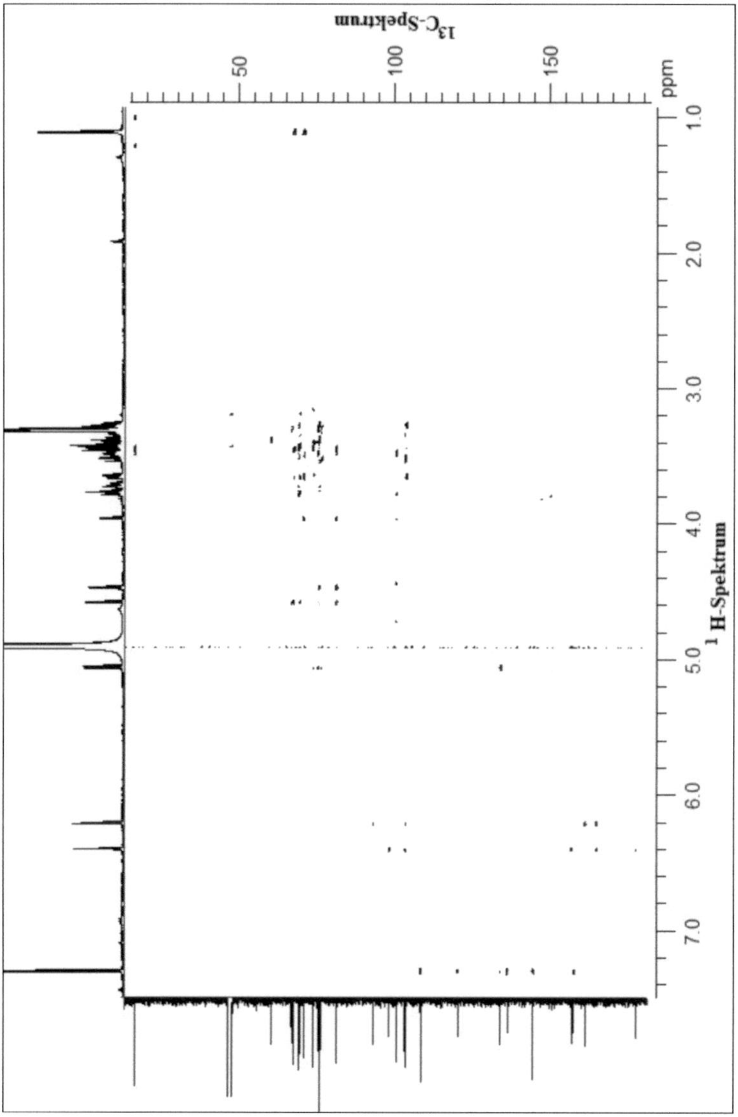

Anhang 27: ^{13}C-NMR-Spektrum des Myricetin-rhamnodiglucosids (CD_3OD, 600 MHz)

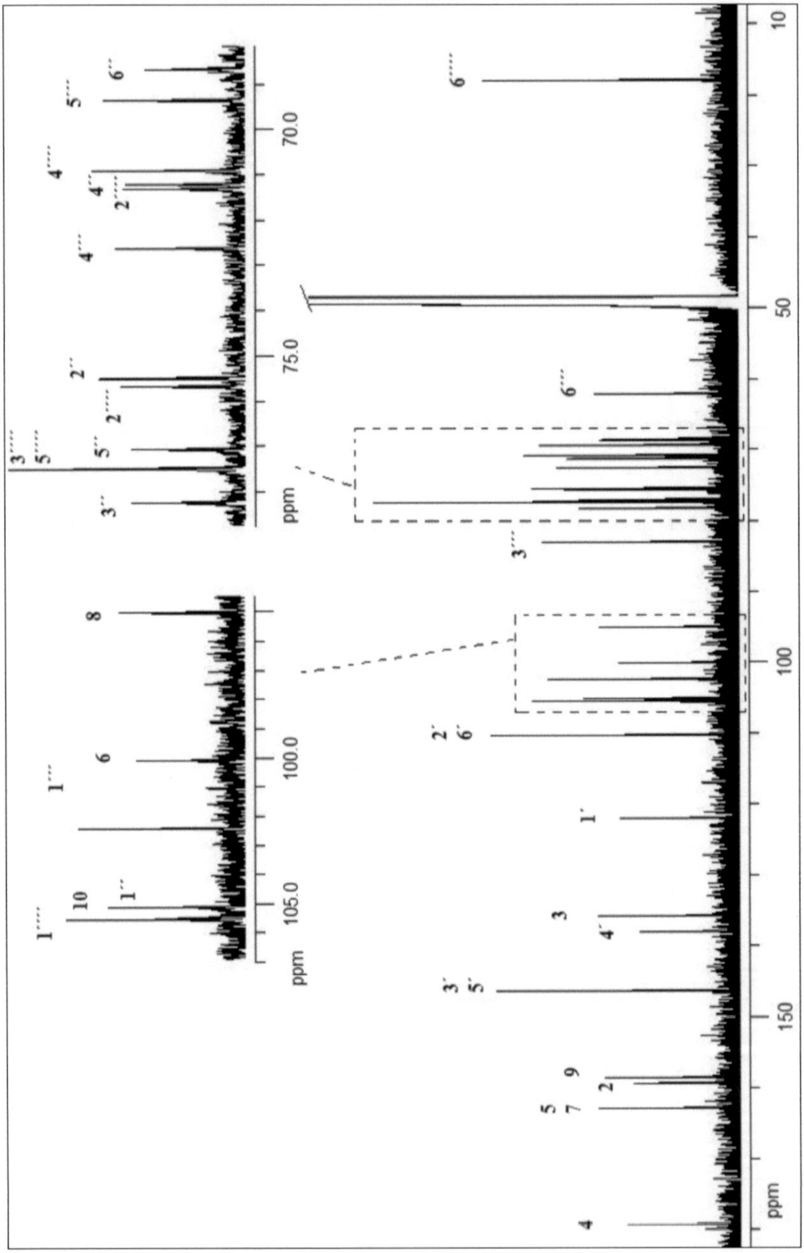

Anhang 28: DEPT-NMR-Spektrum von Myricetin-rhamnodiglucosid (CD_3OD, 600 MHz)

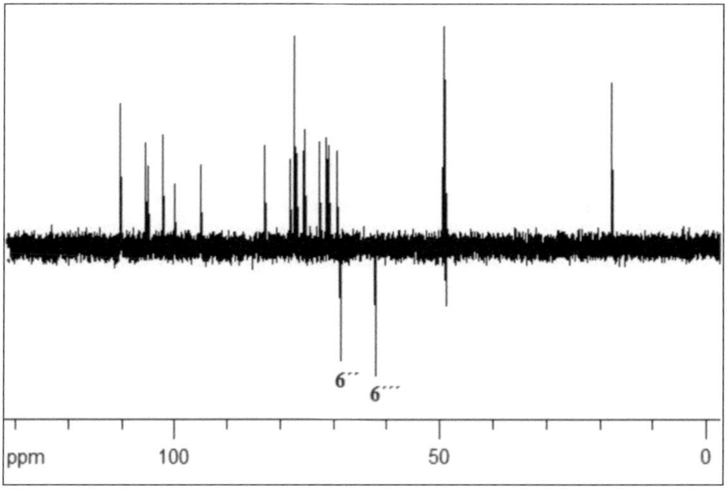

LEBENSLAUF

Persönliche Angaben

Name:	Yumen Hilal
Geburtsdatum:	05/09/1977
Geburtsort:	Homs
Staatsangehörigkeit:	syrisch
Familienstand:	verheiratet
Email:	y.hilal@tu-bs.de

Ausbildung

1994	Abschluss Abitur, Homs, Syrien.
1995-1999	Studium der Pharmazie, Aleppo Universität, Syrien.
2001-2002	Diplom im Bereich der Lebensmittelkontrolle, Damaskus Universität, Syrien.
05/2005	Beginn der Promotion am Institut für Lebensmittelchemie, TU-Braunschweig, Deutschland.

Berufserfahrung

2004-2009:	Wissenschaftliche Mitarbeiterin, Institut für Lebensmittelchemie, TU Braunschweig, Deutschland.
2001-2003:	Tätigkeiten im Bereich der Lehre, Fakultät für Pharmazie, Al-Baath Universität, Homs, Syrien.
2000-2003:	Berufliche Tätigkeit als Apothekerin, Homs, Syrien.